新视域·中国高等院校环境设计专业十三五规划教材

居住空间设计（新一版）

Design Of Living Space

谭长亮 / 著

上海人民美术出版社

图书在版编目（ＣＩＰ）数据

居住空间设计：新一版 / 谭长亮 著. -- 上海：
上海人民美术出版社，2018.6（2021.1重印）
新视域·中国高等院校环境设计专业十三五规划教材
ISBN 978-7-5586-0892-6

Ⅰ. ①居… Ⅱ. ①谭… Ⅲ. ①住宅－室内装饰设计
－高等学校－教材 Ⅳ. ①TU241

中国版本图书馆CIP数据核字(2018)第086242号

新视域·中国高等院校环境设计专业十三五规划教材
居住空间设计（新一版）

著　　者：谭长亮

责任编辑：孙　青　张乃雍

装帧设计：金　辰

版式设计：周　歆

技术编辑：陈思聪

见习编辑：马海燕

出版发行：上海人民美术出版社

　　　　　上海长乐路672弄33号

　　　　　邮编：200040　电话：021-54044520

印　　刷：上海商务联西印刷有限公司

开　　本：787×1092　1/16　8.5印张

出版日期：2018年6月第1版　2021年1月第3次印刷

书　　号：ISBN 978-7-5586-0892-6

定　　价：58.00元

前言

设计本是一门边缘学科，在科技突飞猛进式发展的当代社会，设计被赋予了很大的责任，设计不只是对现有环境的认识和优化构成，还调节着人与环境之间的关系；对人们未来的理想生活做出规划；也表达了人们的内心情感。如果说，在过去漫长的人类历史发展长河中，科技与文化之间的作用较为直接，那么，当代的科技和文化在相当大的程度上通过设计而相互影响，尤其是设计对文化的核心起着决定性的作用。

随着中国设计逐步走向成熟，越来越多的有识之士开始思考设计的深层内容，研究如何通过设计保持人类的可持续发展及在设计中更好地体现多样的文化内涵，如民族性、地域性、艺术性等。当我们苦恼于这一系列问题用现有的设计知识体系难以解决时，不得不从其他知识体系的角度来审视当代设计的发展，强调环境之间相互联系的关系学和形式，为如何表达内容的符号学提供了很好的设计研究方法，并极大地丰富了现有的设计哲学内容。

一般情况下，居住空间设计与其他类型空间设计相比，空间小、内容多、经济投入少，但是居住空间环境与人们的生活密切相关，对人们生活水平的提高具有举足轻重的作用。居住空间设计是实现现代设计意义的基本内容，由于人们认识水平和经济效益等因素的影响，其并没有得到应有的重视。

在国内，绝大部分的设计院校都将居住空间设计作为环境艺术设计专业的入门课程，在探讨环艺设计专业教学改革发展的背景下，专业教材在专业教育中的地位显得非常重要。在编者不多的教学过程中，我经常苦于缺少全面而深入的专业教材，因此特编写此书，希望本书可以启蒙学生对环艺设计专业的学习，帮助学生在接触专业之初，就对本专业有前瞻性的认识。

编者

目 录

前言

CHAPTER 1

室内设计入门介绍

第一章
室内设计入门介绍

第一节 基本概念和行业发展

　　室内设计是一门新兴的综合学科，对于人们的生产、生活质量有着直接且重大的影响，在深入研究居住空间设计之前，我们必须初步认识本专业的部分概念。

一 设计是什么

　　在原始社会的生产和生活中，出于对美好生活的追求，人类会自觉地进行各种生产加工、环境装饰等活动，这就是设计的最初存在方式。广义的设计是指人类有明确目的地系统指导解决内心需求和现实之间矛盾的整个活动过程，核心内容即处理人与人、人与环境、环境内部的关系。随着社会的发展，经济活动成为人类社会紧密联系的重要方式，狭义的设计就是指在现代社会中为满足市场需求，通过经济行为来实现的设计活动，也就是我们常说的现代设计，现代设计所思考的重点应该从怎么满足客户要求转向客户需要什么。

　　现代生活方式产生现代设计系统，现代设计包括建筑设计、室内设计、园林设计、产品设计（或称为工业设计）、视觉传达设计、广告设计、服装设计、影视设计、公共艺术设计，等等。

　　未来设计发展又呈现九大趋势：(1) 以人为本；(2) 大规模工业化；(3) 新科学技术的使用；(4) 可持续发展；(5) 注重文化内涵；(6) 艺术化；(7) 城市生活主流化；(8) 地域差异化；(9) 不同设计领域交融。

二 建筑设计、室内设计和居住空间设计

　　建筑包含室外和室内空间环境，所谓建筑设计，就是根据建筑物的功能使用、所处环境和相应标准，综合运用现代物质技术手段，创造出满足并引领人的物质和精神需要的建筑室内外环境。所谓室内，是指建筑的内部空间环境，室内设计是根据建筑和建筑所提供的环境，综合运用物质技术手段对室内空间进行组织和利用，创造出满足并引领人们在生产、生活中物质和精神需要的室内环境。包括空间规划环境、视觉环境、声光热等物理环境、心理环境等许多方面，并分为居住空间设计、商业空间设计、办公空间设计、

图 1-1（左上）办公空间设计。

图 1-2（右上）居住空间设计。
空间小而功能多，如何合理组织
有限的空间是居住空间设计的一
个重点。

图 1-3 商业空间设计。

企业生产空间设计等（图 1-1、2、3）。

　　建筑和室内是一个"有"与"无"的相互依存的辩证关系。建筑的朝向，建筑周围的景观，建筑对室内隐私的保护，建筑的结构特点，采光角度和强度，室内通风路线等都直接影响室内空间的风格形成和合理利用，而室内空间的功能使用和风格格调也是建筑内涵的延伸和补充。

　　作为室内设计的一个领域，居住空间设计对象以各类住宅为主，如别墅式住宅、院落式住宅、集合式住宅、集体宿舍等，主要研究人们在居住使用中室内空间环境的组织和利用。居住空间设计具有室内设计的一般性规律，同时也有自身的一些特点：空间小而功能多；独特性、经济性、合理化、实用性和舒适度要求高。在市场经济行为中，居住空间设计通常被片面地称为家装，即家庭装修，这反映了设计实现过程的主要内容和人们认识的不成熟（图 1-4）。

图 1-4（左上）空间小而功能多，如何合理组织有限的空间是居住空间设计的一个重点。

图 1-5（右上）室内装饰。

图 1-6 室内植物。

三 室内装饰、室内装潢、室内装修和室内设计

装饰是指"在身体或物体的表面加些附属的东西,使美观",装潢是指"装饰物品使美观(原只指书画,今不限)"(见《现代汉语词典》第 3 版 1655 页),由此可见,室内装饰、装潢的目的不在于满足室内空间使用功能,而是为室内空间环境得到美化,在"物体的表面加些附属的东西"（图 1-5、6）。

装修是指"在房屋工程上抹面、粉刷并安装门窗、水电等设备"(见《现代汉语词典》第 3 版 1655 页),室内装修是建筑主体结构完成之后,墙体、地面具体施工和内部各项设施设备安装的具体实践操作过程,与室内空间使用功能的满足、环境的美化都没有关系。

室内装饰、室内装潢和室内装修反映了室内设计部分内涵和内容,相比而言,室内设计具有更多意义,在绝大部分情况下,四者之间相互联系不可分割,只有装修施工到位,为空间环境的进一步美化打下坚实的基础,才能达到室内设计为满足使用者物质和精神需要的目的,而装修和装饰只有纳入室内设计的规划中,才能具有其积极深刻的意义。

四 居住空间设计的专业教育

当前设计迫切需要解决的问题是:满足工业化社会的需求,引导社会和文化发展,设计向多元化方向发展。

随着设计的发展和社会对行业的需求,国内高校居住空间设计的专业教育应包含五部分内容:(1)立足于实践,系统学习设计基础内容,包括设计常识、设计方法、设计技巧及设计管理,保持实践和理论的紧密结合;(2)发现学生个体特性和培养其独立思考的能力,使得未来设计呈多元化发展方向;(3)研究社会和文化发展,进而实现设计存在的根本意义;(4)涉猎广泛的相关领域科学技术知识,保证最新科学技术能尽快运用于实践;(5)细化专业研究方向,做到广而精,而不是多而粗。

五 居住空间设计的发展历史

在漫长而发展缓慢的原始社会里，我们的祖先逐渐掌握了营造最基本的居住需求的地面房间技术，最原始的室内设计从居住空间设计开始出现。在黄河中游原始社会晚期的仰韶文化时期，按功能需要在室内入口设置门道，室内地面、墙面就有细泥抹面或烧烤表面使其陶化，以避潮湿，也有铺设木材、芦苇等作为地面防水层的，在仰韶晚期，室内地面和墙上开始采用白灰抹面（图1-7、8、9）。龙山文化时期已存在以家庭为单位的私有痕迹，出现了内室与外室相连的套间式半穴居，内室与外室设有烧火面，用来煮食与烧火，储藏的窖穴设在外室，白灰抹面被普遍采用（图1-10）。随着发现的中国最古老神庙遗址（辽宁西部的建平县内）室内开始采用彩画和线脚来装饰墙面，室内设计和艺术向更高层次发展。

到了阶级对立的奴隶社会，虽然奴隶阶层大多倒退到穴居、半穴居窝棚状态，但由于社会生产力的发展，青铜技术的使用和瓦的发明使建筑技术得到极大提高，奴隶主阶层的功能得到完善，大规模室内空间和精细华美的建筑装饰开始出现，空间规划的严谨、建筑空间规模、室内空间装饰氛围体现着人对自然由崇拜转向敬畏与渴望支配的心理，反映奴隶主阶层的统治意志和奴隶社会严格的等级制度。室内设计开始与奴隶主的统治思想结合，从简陋状态进入了比较高级的阶段，这一时期的居住空间设计发展，集中体现在

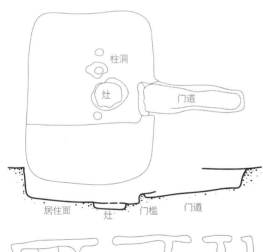

图1-7 西安半坡半穴居建筑遗址平面。

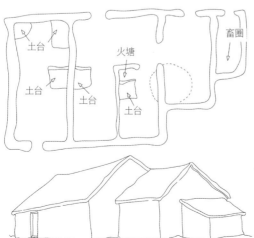

图1-8 仰韶文化时期建筑遗址平面及想象复原外观。

图 1-9 仰韶文化晚期房屋遗址平面。

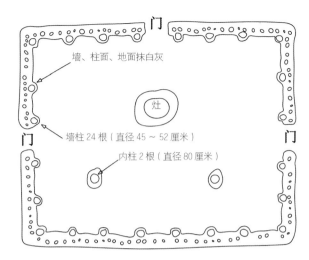

墙、柱面、地面抹白灰

灶

墙柱 24 根（直径 45 ～ 52 厘米）

内柱 2 根（直径 80 厘米）

门

门

门

图 1-10 龙山文化时期房屋遗址平面。

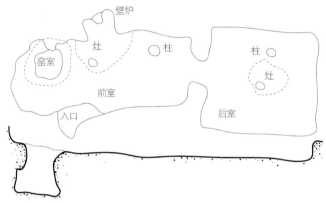

壁炉

灶

柱

柱

窑室

灶

前室

入口

后室

奴隶主阶层的生活环境。

春秋战国时期，随着封建生产关系的出现，奴隶制时代宣告结束，成熟系统的文化思想对室内设计风格有很大影响，特别是孔子、老子等人的"儒""道"思想对后世影响最大，孔子重"礼、乐"，老子倡导"无为"，强调托物言志。室内设计强调人与自然的和谐相处和巧妙利用，生活化、欣赏性强、趣味化的纹饰出现，象征性纹样设计增加了人们追求美好生活的内容，以此巩固统治阶层的地位。由于各诸侯日益追求宫室华丽，装修用砖的出现和铸铜等技术达到较高技术水平，使得室内装饰更得以发展，以雕梁画栋为特色的室内装饰风格开始形成，《论语》中"山节藻棁"描述的斗上画山，梁上短柱画藻文。《左传》记载鲁庄公丹楹（柱）刻桷（椽），正佐证了这一点。《仪礼》一书就记载了春秋时期士大夫住宅制度的规定："住宅的大门为三间，中央明间为'门'，左右次间为'塾'；门内为'庭院'，上方为'堂'，为生活起居、会见宾客、举行仪式的地方；堂的左右为'厢'，堂后为'寝'。这些'门'、'塾'、'堂'、'厢'组成了住宅。这种布置相沿至汉代无大改变。"（摘自中国建筑出版社出版的《中国建筑史》）

汉代是中国封建历史发展的第一个高峰，随着人类生存环境的提高、封建文化和科学技术的发展，室内空间设计不仅功能齐全，而且细节内容极为丰富，陶瓷、石刻、绘画和纺织品等装饰品及装饰材料普遍在居住空间中被使用。住宅空间规划、出入口形式严格按照封建等级思想与社交需要设计。南北朝时期廊的形式手法在住宅空间规划中得到较多运用，家具形式仍然是以席地而坐的生活习惯而设计的低矮家具。北方十六国时期，少数民族为中原地区带来了不同的生活习惯，出现了垂足而坐的高坐家具，如椅子、凳子等。从隋唐到五代，家具形式已普遍采用垂足坐的习惯，室内家具设计极为多样化，室内设计开始进入以家具为设计中心的陈设装饰阶段，唐朝的室内设计中结构和装饰的完美结合非常突出，风格沉稳、大方。宋代的城市住宅空间规划呈四合院布局，室内发展了大方格的平棋与强调主体空间的藻井，室内空间得到充分利用，内部空间采用格子门分隔，装饰色彩多样化，建筑细部构件如门、窗、栏杆、梁架等变化多样，明清时期，门窗样式基本是承袭宋代做法。到了明代，室内的装修、装饰、彩画日趋定型化，出现了木工行业术书《鲁班营造正式》，家具设计体形秀美简洁，雕饰线脚少，造型和构造和谐统一，重视发挥木材本身纹理、色泽的特征。清代室内装修更为规范化，雍正年间颁行的《工程做法》一书有详细规定，这使得室内设计工作集中精力在提高总体布置和装修大样的质量上，由于明后期和清朝奉行的闭关锁国政策严重地阻碍了文化、科技的发展，室内设计发展缓慢，追求雍容华丽的美感，整体风格繁缛奢靡。

从 1840 年鸦片战争开始，中国进入半殖民地半封建社会时期，随着西方文化和新技术的传入，传统文化在相当大的范围内被整体排斥，新旧建筑和室内设计形式并存，新建筑从西方装饰形式到城市生活方式的"洋房"式设计，出现了具有新功能、新技术、新形式特点的室内设计，这一时期的室内设计表现出半殖民地文化状况。

20 世纪 20 年代和 30 年代，一批留学人员到国外接受现代设计教育，为中国设计注入新鲜的血液，中国设计得到短暂发展，连年的战争使中国社会发展各方面停滞不前。

新中国成立后，中国的室内设计发展大致分为三个阶段：

1. 50 年代到 70 年代，中国处于计划经济体制下，设计所面临的对象大多是政府的室内外装修，设计被认为是工艺美术、装饰美术的代名词。在十年的"文化大革命"期间，设计几乎处于停顿状态，而 50 年代十大工程的出现，给中国室内设计奠定了基础。

2. 70 年代末 80 年代初，中国走上了改革开放之路，国人的眼光开始投向世界，内需外引的良好环境促使中国室内空间设计近乎膨胀式飞速发展。机械复制欧式与传统中式的室内外设计风格一度成为人们最追捧的设计形式，中国的建筑和室内设计缺少自身民族性，这反映了文化的断层和匮乏。随着各大高校开始设立室内设计专业，出现了一批优秀的年轻设计师。

3. 90 年代中期以后，经济的持续蓬勃发展和市民阶层的逐渐壮大，室内空间设计开始步入正轨，深层次的设计思考更为理性化，中国的设计界开始关注自身文化、地域特色、可持续发展设计和社会需求对设计影响等内容，从一味地崇外向自身发展演变。人们普遍认识到设计不是工艺美术的延续，设计的意义在于创造人们新的生活方式，中国设计教育开始从对造型的美化向对方式和系统的组织发展。随着环境意识的深入人心，室内设计专业普遍改名环境艺术设计专业，室内设计专业成为环境艺术设计专业的一个研究方向而存在。改革开放初期的老一辈室内设计师还发挥着作用，但队伍的中坚力量已由出生于五六十年代的第二代室内设计师所代替。

4. 进入 21 世纪，接力棒将传到 80 年代出校门的新一代室内设计师的手中，这一代的设计师们将担负起历史赋予的重任。同时，也将决定中国室内空间设计今后的创作及发展方向，为探索中国现代风格不懈地去追求。我们有理由相信，随着中国经济将进一步地融入国际市场体系和对外交流的增多，中国室内空间设计将通过与国际设计的融合而迅速提升。

此外，中国是一个疆域广阔的多民族国家，各类民居保留至今，如云贵的干阑式、陕西的窑洞式、蒙古的帐幕式、徽州的明清式、北京的四合院等住宅，这些不同的建筑、室内设计特色和生活方式为我们提供了宝贵的设计灵感来源。

思考与练习

1. 设计存在的根本意义是什么？
2. 谈谈你对当前居住空间设计的看法。

CHAPTER 2

居住空间的设计要素: 空间、
形态、色彩、肌理、照明

第二章
居住空间的设计要素：空间、形态、色彩、肌理、照明

第一节 空间

空间是室内设计中最基本的要素之一，通常只要砌起一堵墙就可以围成一个空间。

"空间"（Space）是指物体内部、介于物与物之间或环绕于物四周的间隔、距离和区域的意象，是物质存在的广延性和伸张性的表现，如果我们把物体本身视为"实"，则可以把空间视为"虚"。具备地面、顶盖、墙面三个基本要素的房间是典型的室内空间，而内、外部空间的标志区别就是有无顶盖。

空间规划是室内设计的重要基础和核心内容，空间一词有尺度和空间类型两个含义。利用巧妙的设计手法布置和利用空间，有时可以突破原有建筑空间的限制，满足室内使用需要。

一 尺度

身体的需要当然是最基本的：不受外人和自然力的侵扰，拥有一个安全的、有益健康的地方让身体得到放松和游戏。比如我们睡觉、洗浴就需要一个相对隐蔽的空间来完成。

近年来，我们逐渐认识到，环境设计的好坏对我们的身体、行为和生活产生极大的影响，所以现在设计行业正在吸收利用越来越多的学科研究成果，比如社会学、心理学等。而和空间密切相关的是一门新兴的综合学科——人体工程学。

人体工程学把人体测量数据、生理机能和私人空间这样的心理因素结合起来，以改善使用者和环境之间的关系。

人体工程学通过对"人—物—环境"三大要素之间关系的研究，为创造健康、安全、舒适和高效率的空间环境提供科学的理论，主要内容有：(1)工作系统中的人；(2)工作系统中直接由人使用的机械部分如何适应人的使用；(3)环境控制，如何适应于人的使用。在室内设计中的应用主要体现在三个方面：(1)为确定空间范围提供依据；(2)为家具设计提供依据；(3)为确定人的感觉器官对环境适应能力提供依据。从空间尺度的角度，我们主要关注以下内容：(1)人体尺寸；(2)人体动作空间尺寸；(3)人的心理空间尺寸

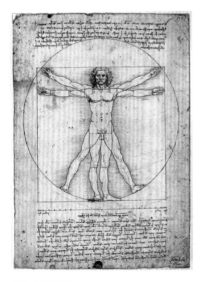

图 2-1 人体比例。

代号和项目	性别	尺寸	代号和项目	性别	尺寸	代号和项目	性别	尺寸
1 身高	男	1678	12 胫骨点高	男	444	23 坐姿眼高	男	798
	女	1570		女	410		女	739
2 体重 kg	男	59	13 胸宽	男	280	24 坐姿肩高	男	598
	女	50		女	260		女	556
3 上臂长	男	313	13 胸厚	男	212	25 坐姿肘高	男	263
	女	284		女	199		女	251
4 前臂长	男	237	15 肩宽	男	375	26 坐姿大腿厚	男	130
	女	217		女	351		女	130
5 大腿长	男	465	16 最大肩宽	男	431	27 坐姿膝高	男	493
	女	438		女	397		女	458
6 小腿长	男	369	17 臀宽	男	306	28 小腿加足高	男	413
	女	344		女	317		女	382
7 眼高	男	1586	18 胸围	男	867	29 坐深	男	457
	女	1454		女	825		女	433
8 肩高	男	1367	19 腰围	男	735	30 腰围	男	554
	女	1271		女	772		女	529
9 肘高	男	1024	20 臀围	男	875	31 臀膝距	男	992
	女	960		女	900		女	912
10 手功能高	男	741	21 坐高	男	908	32 坐姿下肢长	男	321
	女	704		女	855		女	344
11 会阴高	男	790	22 坐姿颈椎点高	男	657	33 坐姿两肘间宽	男	422
	女	732		女	617		女	404

表一 中国成人人体尺寸数据（单位：mm）

（图 2-1）。

骨骼、关节、肌肉三部分组成人体的运动系统，骨骼是人体的支柱结构，关节的作用是连接不同骨骼、肌肉通过伸缩和舒张牵动骨骼绕关节转动，使整个运动系统正常运作，从而人体各部分得以协调动作。人体尺寸可分为静态的构造尺寸和动态的功能尺寸。

在室内设计中最重要的人体构造尺寸是：身高、体重、坐高、臀部至膝盖长度、臀部的宽度、膝盖高度、膝弯高度、大腿厚度、臀部至膝弯长度、肘间宽度等，按国家标准 GB 10000—88 数据整理的中国成人人体尺寸数据（表一），可作为设计时的参考。虽然人体构造尺寸对设计很有用处，但人体是活动可变的，对于大多数的设计来说，功能尺寸更有广泛的用途（图

A 18–24"   墙体单位深度
B 48–58"   抽屉柜
C 36–40"   带门的橱
D 46–52"   抽屉柜
E 30–36"   带门的橱
F 72"   便于取物的搁架最高位置
G 69"   便于取物的搁架最高位置

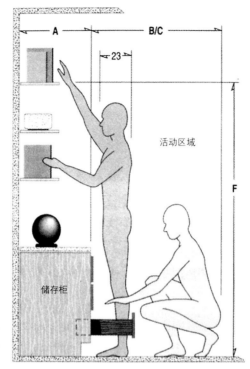

图 2-2 伸手可及的储藏空间应该跟人体尺寸成一定的比例。

2-2）。

二 空间类型

随着人们逐步加深认识空间环境，为了满足对丰富多彩的物质和精神生活的需要，就必然追求室内空间类型的多样化。最常见的空间类型有：线性结构、轴心结构、放射结构和栅格结构（图 2-3、4、5、6），它们是单元房或大型建筑项目的空间规划的基础。

•线性结构把建筑空间中的单元房间沿一条通道布置，如我国在 20 世纪七八十年代建造的筒子楼大部分属于这一类型。

•放射性结构是有一个方位，通道从该中心向外延展。房间可能围绕一个中心花园、门厅通过走廊展开。现代很多大型购物广场都是这种空间结构。

•栅格结构把同样的空间组织在一起，按环流路线确定。如餐厅中，在

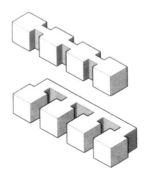

图 2-3 线形空间基本结构，空间沿一条轴线排列。

图 2-4 轴心形空间基本结构以重要的空间位置为终端进行各种交叉排列。

图 2-5 放射形空间基本结构，空间围绕中心向外延伸排列。

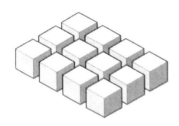

图 2-6 栅格形空间基本结构，重复的模块空间排列。

图 2-7 这个平面图显示空间的布局。家具、配饰可以增强空间感。

多张餐桌之间留有通行的空间。这就是一个典型的栅格布局的例子。

三 空间处理技巧

空间的内涵非常丰富，我们重点从居住空间经常会遇到的几个问题来谈一下空间的处理技巧（图 2-7）：

1. 空间的合理利用

如何有效地利用空间非常重要，考虑节省空间的角度有很多：

•合理规划室内空间的活动路线。

•根据空间的使用频率划分空间比例，可以将不常使用的空间与其他空间结合。

•减少同一空间内功能重复；增加室内家具的多功能性。

•消除狭长通道或是增进通道空间运用；改变门的位置和方向来增加空间的利用率，等等。

2. 调节空间感

空间的大小不完全在于面积，在减少杂乱并合理规划空间的基础上，通过一些恰当的设计手法，可以增加小空间的开阔感：

•选择淡的、会使空间显得大一些的冷色调。

•减少家具和配饰的数量。

•把大型家具置于靠墙处与墙平行，免得这些家具把室内空间切割或瓜分成小块，从而对开敞的空间造成影响。

• 增加房间门的高度，使得天花板高度看起来有增高的效果；墙与天花板颜色相同也会让天花板有增高的感觉。

• 不做踢脚板、向上打光的立灯、将窗帘做得比窗户高也能够得到增高效果。

• 善用玻璃与镜子可以增加空间穿透性和延伸空间。

• 室内用色简单、灯光明亮；把迎窗墙面涂上较深的颜色，使其"隐退"，则房间的进深显得大些。

• 把室内地面的做法向室外延伸，可以扩大室内空间感，并与室外加强沟通。

• 墙面上表现外景的大幅装饰画可使狭窄的过道显得开阔许多。

• 在封闭的空间中设一灯窗，可减弱闭塞感。

• 也可以通过把墙面的上部涂成与顶部相同的深色，或者用悬空的线性构架吊顶，以及用大尺度的图案装饰空间等很多方法调节空间的高大空旷感，

图 2-8、9 线性吊灯调节空间的高大空旷感。

图 2-10、11 空间的合理利用。

让空间看上去亲切宜人（图 2-8、9、10、11）。

3. 延伸空间

空间的概念不局限在固定的三维空间当中，人们总是在活动中感受空间。设计师应避免平面化地处理空间，通过造型、色彩、材料的暗示和使用功能的延伸，延伸空间的内涵，更好地形成空间从形式到内容的完整性。尽量多显露一些地板，其办法是选择与地板间留有一定空隙的家具（有腿或搁在墙上的）。使用镜子，使人产生空间的深度感（图 2-12）。

思考与练习

1. 谈谈你对室内空间概念的理解。

2. 如何减少低矮空间的压抑感?

图 2-12 通过色彩的差异使环境富有更多的想象空间。

图 2-13 造型的多样让空间富有节奏感。

第二节 形态

正如同作家使用文字作为语言，音乐家使用音符作为语言，室内设计师使用物化的造型、色彩、肌理、空间、材料和设备等对空间环境进行规划，专业基础学习内容主要把室内空间的物质形态分为造型和色彩两个部分（图2-13、14、15）。

图 2-14 规则的方形让空间显得非常稳重、大方。

图 2-15 接待区域布置在楼梯旁可以充分利用空间。

椅子 1

椅子 2

椅子 3

一 基本造型的功能

形态和空间是不可分离的，因为形态给了空间一定的尺寸范围，而空间则显示，甚至决定了形态。一般来说，和空间相比，物体的形态似乎更为稳定不变；形态给了空间三维的结构，并建立了一定的界限，而空间则蕴含着可能发生的变化和时空的无限性。形态的其他方面可以通过三把椅子来显示。首先，我们发现形态是拥有体积的，它扎扎实实地填满了所占据的空间。在第二把椅子中，是其形状吸引了我们的视线，多姿多彩的轮廓外形使人回想起早期的设计。第三把椅子引人注目的是其形态，集中体现在其结构上，即支撑框架的流畅的曲线。优秀的结构设计是和简洁、功能、整合及比例关系密切不可分离的。

尽管在我们生活的世界中形态万千，但是基本可以划分为矩形、菱形和曲线形。

1. 长方形（方形）（图2-16、17）

在居室空间环境中，从整体空间到家具、设备和装饰品等物体形态都以采用方形为主，人们对方形如此热衷主要有以下几个原因：

·方形具有简洁、庄重、稳定、质朴、确定、沉静和规律性的造型特点。

·便于木工、泥水工的施工制作，有利于工厂大规模工业化生产。

·90度角的角落空间可以容纳身体的接触和家具、设备的摆放，不会浪费室内空间，有利于最大限度地合理利用空间。

·直线形图形重复后可形成一种明显的统一感和节奏感。

当然，方形也会产生一种缺少温情的单调机械感，让人容易感到疲倦和厌烦。

图2-16、17 在方形空间中适当组织圆形排列，可以减少空间的机械感。

图 2-18 菱形在空间中的运用。

2. 菱形（图 2-18）

菱形相比方形而言，不及方造型合理利用空间，但富有动势和活力，会对人起到一定的心理引导作用，有利于表达丰富的精神内涵，在当代居住空间设计中，最常见带菱形的是呈坡形的屋顶，它体现的是一种与类似立方体空间的鲜明对比。三角形是最稳定的结构形式，其形状具有不可变性，如标准的折叠椅构成的三角形，只要稍微弯折一下，就可以从稳定的支撑状变为节省空间的线条状。室内空间界面出现三角形或钻石形图案会增加空间活泼欢快的气氛。而三角形平面空间最难合理利用，一般可通过分割为其他形状后再利用。锥体形状很容易让人想起原始石器时代的利器、哥特式教堂的尖顶和埃及的金字塔。锥体的造型特点是尖锐刚劲，具有明确的指向性。

3. 曲线形（图 2-19、20、21）

曲线形既抽象概括，又贴近自然形态，把规律和变化和谐地统一在一起，容易让人有舒适感和艺术感，常见的有圆环形、圆球形、圆锥形和圆柱形。球体，是圆点的放大，自然形态里的原始符号，它的美学价值象征着美满、闭圆和凝聚力量，球体构成是自然形态向艺术造型的飞跃。

圆在许多文化中都具有重要意义。天体的形状是圆形，地球围绕太阳转，月亮围绕地球转，其运行轨迹是圆形。中国的圆是天道合一的象征，太极图正是表现了宇宙万物的和谐统一。西方的圆是几何学的，认为圆中含有方。印度的曼陀罗图案中正方形含圆，圆中含三角。曼陀罗源自梵语，意为圆周，是宇宙的象征，又是全体的象征，更是人与宇宙合一的视觉比喻。

在居住空间中，最常见的圆形或曲线形是花瓶、桌子、椅子、凳子等。它们也构成了许多织物、墙纸等上面的基本图案。

图 2-19 曲线形花纹的织物。

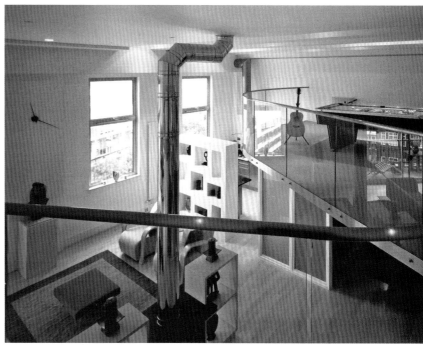

二 象征性造型

象征，是对事物原型的延伸，是超越性的存在，是人们精神世界的升华，象征性造型是某些造型在经常性的使用中，引起人们的共同感受和认识，从而成为特定思想的符号化物质载体，如传统图案、标志符号化、文字、建筑细部构件等造型，当人们看到这些造型时，脑海中就习惯性会出现特定的情感和思想，象征性造型的基础在于人们对客观世界有共同感受，任何事物都具有双面性，符号化手法的过分使用也会使设计套路化、庸俗化。

图 2-20（左上）圆形在居住空间中的运用。

图 2-21（右上）曲线形在居住空间中的运用。

第三节 色彩

我国古代把黑、白、玄（偏红的黑）称为色，把青、黄、赤称为彩，合称色彩。1666 年，英国物理学家牛顿做了一次非常著名的实验，他用三棱镜将太阳白光分解为红、橙、黄、绿、青、蓝、紫的七色光，据牛顿推论：太阳的白光是由七色光混合而成。后来的魏纳（Verner）认为蓝色带有青和紫的光波频率，并不能算是光原色，所以去掉蓝色后，叫光色六原色。后来物理学家大卫·鲁伯特进一步发现染料原色只有红、黄、蓝三色，其他颜色都可以由这三种颜色混合而成。他的这种理论被法国染料学家席弗通过各种染料配合试验所证实。从此，这种三原色理论被人们所公认。1802 年，生理学家汤麦斯·杨根据人眼的视觉生理特征提出了新的三原色理论。他认为色光的三原色并非红、黄、蓝，而是红、绿、紫。这种理论又被物理学家马克思韦尔证实。他通过物理试验，将红光和绿光混合，这时出现黄光，然后掺入一定比例的紫光，结果出现了白光。此后，人们才开始认识到色光和颜料的原色及其混合规律是有区别的，色光的三原色是红、绿、蓝（蓝紫色），颜料的三原色是红（品红）、黄（柠檬黄）、青（湖蓝）。（图 2-22）

图 2-22 居住空间中的色彩。

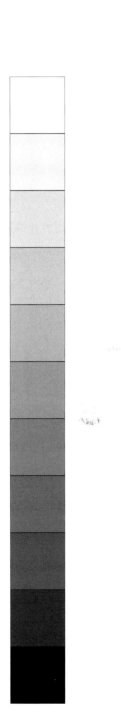

图 2-23 无彩色的
11 个阶梯。

一 色彩的分类

现代色彩学把色彩分为两大类：

1. 无彩色系（图 2-23）

无彩色系是指黑、白和灰，试将纯黑逐渐加白，使其由黑、深灰、中灰、浅灰直到纯白，分为 11 个阶梯，成为明度渐变，做成一个明度色标（也可用于有彩色系），凡明度差别在 0—3 个阶梯的色彩称为低调色，4—6 个阶梯的色彩称为中调色，7—10 个阶梯的色彩称为高调色。在明度对比中，如果其中面积大、作用也最大的色彩或色组属高调色和另外色的对比属长调对比，整组对比就称为高长调，用这种办法可以把明度对比大体划分为高短调、高中调、高中短调、高中长调、高长调、中短调、中中调、中高短调、中低短调、中长调、中高长调、中低长调、低短调、低长调、低中调、最长调 16 种。一般来说，高调明快，低调朴素，明度对比较强时光感强，形象的清晰程度高；明度对比弱时光感弱，不明朗，模糊不清。明度对比太强的色彩能够吸引人们的注意，也容易有生硬、空洞、炫目、恐怖、简单化等感觉。

2. 有彩色系（图 2–24、25、26）

有彩色系具有明度、色相和纯度三种基本要素。色相是指色彩的相貌，每种波长色光的被感觉就是一种色相，七色光混合即成白光，七色颜料混合成为深灰色；纯度是指色光波长的单纯程度，也有称之为艳度、彩度、鲜度或饱和度，在七色中除有各自的最高纯度外，它们之间也有纯度高低之分，红色纯度最高，而青绿色纯度最低；明度是指色彩的明亮程度，对光源色来说，可以称光度，对物体色来说，除了称明度之外，还可称亮度、深浅程度等，七色中黄色明度最强，而紫色最弱。

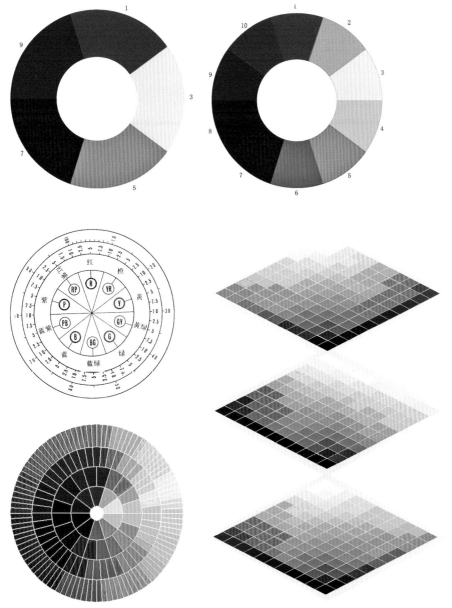

图 2–24 亨贺尔滋（Helmholtz）的心理五原色及由心理五原色演变而成的十色相环。

图 2–25（左）孟氏色立体是以心理五原色为理论基础的色立体。

图 2–26（右）根据含黑色量与白色量进行色彩的调和训练。

二 色彩的情感

色彩在心理学方面对形态的视觉感受起到相当大的作用，有着相应的审美感觉和独特的规律性，人们的生活经验和想象给色彩创造出了独特的情感体系，色彩最易扰动人们的知觉、心理与情感。色彩在不同明度、色相、纯度、肌理、冷暖和色彩搭配环境下，色彩表情也就随之变化了，因此，要想说出各种色彩的表情特征，就像要说出世界上每个人的性格特征那样困难，为了能恰如其分地应用色彩及其对比效果，对典型的色彩作些研究，还是可能和必要的。（图2-27、28）

色彩的分离、张力、冲突、过渡等都是一种传送情感信息的语言，会勾起观者对生活的联想与情感作用，大部分色彩的感情在较大世界范围内形成共识。一般来说，大红色含有政治色彩，象征热烈奔放，代表着革命；紫红色富有刺激性，能使人振奋精神，注意力集中；黄色与金色是阳光之色，它饱含智慧与生命力，象征高贵、神圣、权威、聪明、智慧；看到白色，使人觉得纯洁可爱；而紫色却冷峻神秘，充溢着高雅的灵性；黑色则显得阴沉老成；蓝色寓意蔚蓝的大海和天空，给人一种心胸开阔、文静大方的感觉，又能使人受到诚实、信任与崇高的心理熏陶；草绿色是大自然的颜色，常常给人一种生命成长的感受，它能令人充满青春活力……

有些色彩的感情是受传统文化影响，在不同民族文化中具有不同的象征意义，传递着某种品位和文化蕴意。色彩在特定的文化中成为一种流行和时尚，每个地区都有自己的颜色，大红色在中国意味着权力和财富，而在印度却代表爱情和感性，日本有蜜黄色，印度有浅靛青色，西班牙有金黄色，古巴有棕红色，意大利有象牙色，美国人的色彩意向非常微妙而多趣，他们每

图2-27 色彩丰富的客厅。

图 2-28 色彩、张力、冲突、过渡等都是一种传递情感信息的语言。

一个月都有一种代表色，一月灰色，二月藏青，三月银色，四月黄色，五月淡紫色，六月粉红色，七月蔚蓝色，八月深绿色，九月金黄色，十月茶色，十一月紫色，十二月红色。

　　色彩不仅像造型一样具有丰富的量感、运动感、空间感等视觉感受，它在影响人心理方面史具有煽动性，也容易让人造成与实际室内空间环境不同的心理感受，暖色产生近、大、前进、膨胀的视觉效果，冷色产生远、小、后退、紧缩的视觉效果。在接下来的章节中，我们将详细地讲到居室空间中的色彩等（图 2-28）。

三 色彩三要素

　　在陶醉于自然界的千变万化色彩的同时，我们也力图通过对其内在规律的研究来更好地掌握和运用色彩，构成色彩的三个重要因素：色相、明度和纯度就是色彩研究的基本内容（图 2-29）。

1. 色相（Hue）

　　原色，在色相环中标为1，包括红、黄、蓝。理论上来说，这三原色是无法用其他任何颜色混合而成的。

　　间色，在色相环中标记为2，包括绿、紫和橙。这三种颜色由三原色双双混合而成，分别位于色相环中两种三原色的中间位置，如绿即处于和蓝与黄等距离的位置。

　　复色，在色相环中标记为3，包括黄绿、蓝绿、蓝紫、红紫、红橙和黄橙。它们是原色和第二次色混合而成，在色相环中的位置则处于两者之间。如黄绿位于原色和第二次色——绿色之间。

2. 明度（Value）

　　明度是色彩的结构和骨骼，无彩色的黑与白是色彩明度的两极，黑色的明度最底，白色的明度最高。明度的低与高表达了色彩的明亮程度，通过加减黑、白色可以调节同一色相有彩色的明暗度。

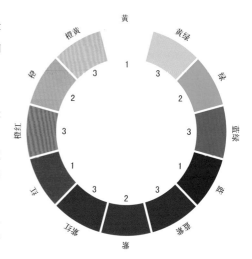

图 2-29（右）色相环显示了色相的顺序，分为原色（1）、间色（2）、复色（3）。互补色处于色环中相对的位置。

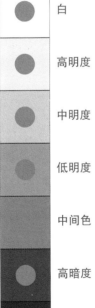

白

高明度

中明度

低明度

中间色

高暗度

中暗度

低暗度

黑

一旦色彩形成后，色相、明度和纯度就被确定，色相和纯度就必须依赖明度而显现；明度相对色相和纯度具有较强的独立性，可以不依附色相和纯度而通过黑白灰单独呈现色彩的明度组织关系（图 2-30），所以，色彩的和谐与否，明度组织关系至关重要。

如图 2-31，这个空间显得如此宁静、空灵，正是因为此空间基本围绕白色展开设计，主要靠明度和色相去展开。暖褐色的电视背景墙因为是大理石材质，高反光，也显得冷峻、静谧。茶几的淡蓝色和地毯的蓝色相呼应。靠枕、电视柜和地毯上的褐色块成为此空间的深色，与其他颜色形成鲜明对比。

明度的对比对于区别形状、判断深度等起着决定性的作用，尤其对婴儿、老年人以及视觉有障碍的人来说，显得更为重要。在光线充足的情况下，色相、明度、纯度都可以很好地加以表现，但在阴雨天等光线不足的情况下，明度对比则显得最强烈。

3. 纯度（Chroma）

色彩的纯度即鲜艳程度，是指色彩中含有黑、白成分的多少，同一色相的纯度发生变化后，色彩性格也随之改变（图 2-32）。比如粉红色在色相上是红色，在明度上属于亮色，但它既可以是活泼、接近纯粹的粉红，也可以是偏中性的灰粉红。这就是纯度的区别。含有黑、白的成分越少，纯色越高，色相越明显；反之则纯度越低，色相越模糊。

我们视觉所能感受的绝大部分色彩都不是高纯度，而是含有一定的黑、白成分，也正是有了这些纯度的变化，色彩内容显得更为丰富（图 2-33）。

图 2-32 两种有着同样明度和不同纯度的粉红色。

图 2-33 居住空间中色彩纯度的变化。

四 类似色和对比色设计

1. 类似色设计（图 2-34、35）

(1) 同色相：在高纯度的色相环中，取任何一个色相，加黑、白形成不同明度和纯度的色彩，这些变化所构成的色彩系列就是同色相系。使用同色相系中不同的色彩配合，可以较容易达到协调柔和的效果，这是最基本及常用的配色方法。

(2) 相（邻）近色相：六色环中相邻（90°的夹角内）的三种颜色。相近色的搭配给人的视觉效果很舒适、很自然。例如：一组相邻色"黄色、黄绿、绿色"的搭配，节奏简单，色彩变化自然，很容易形成协调关系。

图 2-34、35 邻近色设计。

图 2-36 对比色设计。

2. 对比色设计

　　色彩属性有差异的两个颜色为对比色，色相对比最强的是互补色（冷暖的对比最强烈），明度对比最强的色彩是黑白；纯度对比最强的是无色系与原色。我们考虑色彩的对比，通常要综合研究色彩三个属性的对比程度（图 2-36）。

五 色彩搭配的技巧

1. 色调的选择

　　居室装饰的和谐与否，首先表现在视觉的感光效果上，也就是色彩的整体效果。室内色彩是由墙壁、地板、天花板及家具、家电、灯具、各种装饰品如窗帘、植物、陈设品等色彩构成，由于室内各部分的色彩关系十分复杂，色彩要达到和谐美，色调必须要有一个明确的倾向。色彩从色相来分有红调蓝调等，

图 2-37 暖色的客厅。

从明度来分有亮调暗调，从纯度来分有新鲜与灰旧，从冷暖来分有冷调、中性调与暖调，暖色调主要包括红、黄、橙、咖啡等色彩，给人温暖、充满活力的感觉，适用于客厅、餐厅（图2-37）。冷色调主要包括蓝、绿、紫、青等色彩，给人安静、舒适、清新、平和的感觉，适用于书房、浴室（图2-38）。

室内色彩是由墙壁、地板、天花板及家具、家电、灯具、各种装饰品如窗帘、植物、陈设品等的颜色构成，色彩的选择与房间的结构、用途和住户自身的性格、爱好和情趣密切相关。室内的色调设计，最好从挑选色感很强的物品开始，然后根据这个色调设计色彩搭配，选出其中的主题色彩如家具、地面或墙面颜色，用其他物品颜色与之搭配，一般应采取上浅下深的原则，使重心处在墙壁下部，按地板、墙面、顶棚的顺序，选择层次明亮的色彩组合，让人感到稳重和自然，带来整体和谐美。下面列举几个色调搭配的例子：

图2-38（左）冷色的卫浴空间。
图2-39（左下）活跃轻快的色调。
图2-40（右下）轻柔浪漫的色调。

图 2-41 典雅温馨的色调。

(1) 活跃轻快色调。中心色为浅蓝色。地毯用灰色，窗帘、床罩用蓝白印花布，沙发、天花板用浅灰色调，加一些绿色植物衬托，气氛雅致（图2-39）。

(2) 轻柔浪漫色调。中心色为柔和的冷白红色。地毯、灯罩、窗帘用微暖的白色，房间局部点缀其他色彩，具有浪漫气氛（图2-40）。

(3) 典雅温馨色调。中心色为黄色。沙发、灯罩用黄色，窗帘、靠垫用黄色印花布，地板用咖啡色，墙壁用乳白色（图2-41）。

(4) 华丽优美色调。中心色为玫瑰色，地毯用浅玫瑰色，沙发用比地毯浓一些的玫瑰色，窗帘可选淡紫色印花，灯杆用玫瑰色，灯罩为乳白色，放一些黑色围边的玫瑰色靠垫，墙和家具用灰白色，再用绿色的盆栽植物点缀，

图 2-42（左下）华丽优美的色调。
图 2-43（右下）稳重鲜艳的色调。

图 2-44（左上）淡雅的柠檬黄色调。

图 2-45（右上）黄色调的选择。

可取得雅致优美的效果（图 2-42）。

（5）稳重鲜艳色调。中心色为酒红色，沙发用酒红色，地毯为暗土红色，墙面用明亮的米色，局部点缀金色，如镀金的壁灯，再加一些白色作为辅助，即成稳重鲜艳格调（图 2-43）。

色彩选择还应考虑朝向，阴面的房间应以暖色调为主，如米黄色、淡粉色等，增大采光系数；阳面的房间则可根据用途采用暖色调和冷色调（图 2-44、45）。

2. 色彩调和

调和就是统一、和谐、秩序，调和感觉是视觉生理最能适应的感觉，是形象感受的需要，是色彩关系与功能、形象的统一。色彩调和的方法主要有以下几种：对比色调和、类比色调和、中间色调和。

图 2-46 通过白色衔接冷绿色和暖黄色，以达到色彩的调和。

调和与对比都是构成色彩美感的要素，色彩的调和是相对的，对比是绝对的，通过恰当的对比可以达到调和的目的。既要有对比来产生和谐的刺激，又要有适当的调和来抑制过分的对比，从而产生一种恰到好处的色彩美感。从科学的角度来说，人眼睛长时间看到大面积同类色容易疲劳，尤其是浅蓝色、绿色、黄色。如果不加点色彩柔和一下，会显得毫无生气，在整体和谐的前提下，使用对比搭配，既显得有生机，又增加人的舒适感。

金、银、灰、黑、白是五种中性色，容易和任何色彩搭配。在实际运用中，由于金、银色过于耀眼，而灰、黑、白色常受周围环境影响，我们常用带有色彩倾向的灰、黑、白色系与其他色彩搭配。通常在对色彩运用没把握的情况下，只选一两种颜色，再搭配土色系就可以形成较好的色彩调和效果。

在室内空间中，通过改变色彩的纯度、明度，可以使色彩既富于变化又协调统一，色彩的调和还与色彩的形状、大小、位置、组合形式、表现内容等因素有关（图 2-46）。

思考与练习

1. 谈谈你对色彩调和的认识。
2. 谈谈你对色彩与基本几何形状之间关系的认识。

图 2-47 灯光照明对肌理会产生影响——从
光滑的丝绸帷幔到床上织物、背景墙及地面。

第四节 肌理

用于标书材料的表面感受时，我们常用肌理来表达。

肌理从好几个方面影响我们。首先，它对我们触摸到的一切产生一种具体的印象。如果地面肌理看上去特别光滑，那就看上去给人不安全、容易摔跤的心理暗示。如果表面细密柔软，则给人温暖的心理感受。

在居住空间设计中，肌理也扮演着很重要的角色，大到地面、墙面，小到壁挂、小摆饰，肌理都通过自身的语言展现此空间的特点（图 2-47）。

第五节 照明

良好的通风和采光为人们提供了健康、舒适的室内空间环境（图 2-48），在自然采光不能满足各种居住活动需要和更好地营造空间艺术氛围的情况下，人工照明设计成为居住空间设计的重要内容。经研究发现：在阳光充足的空间，儿童显得活泼机灵；让精神自闭者生活在照明较充足的地方，其自闭行为会减少一半，而且能增加许多与人交流互动的行为；在日光灯中加入类似太阳光的紫外线，对人体的健康有益处；照明不足会造成视觉疲劳、头痛、反胃、忧郁、郁闷等行为反应。

一 照明的种类

1. 基础照明

基础照明是指安装在天花板中央的吸顶灯、吊灯或带扩散格栅的荧光灯等光源照亮大范围空间环境的一般照明，照明要求明亮、舒适、照度均匀、无眩光等，也称作全局照明。照明方式不仅采用直接照明，也可采用间接

图 2-48 良好的采光和通
风对室内空间非常重要。

图 2-49（左上）间接式基础照明。
图 2-50（右上）檐口照明。

照明（图 2-49）。在天花板和墙间设置光线向下照射的称为檐口照明（图 2-50），采用立柱形落地灯光线向上照射的称为反射式间接照明等。

2. 局部照明

局部照明是在基础照明提供的全面照度上对需要较高照度的局部工作活动区域增加一系列的照明，如梳妆台、橱柜、书桌、床头等，有时也称为工作照明（图 2-51）。

为了获得轻松而舒适的照明环境，使用局部照明时，要有足够的光线和合适的位置并避免眩光，活动区域和周围环境亮度应保持 3：1 的比例，不宜产生强烈的对比。

3. 重点照明

在居住空间环境中，根据设计需要对绘画、照片、雕塑和绿化等局部空间进行集中的光线照射，使之增加立体感或色彩鲜艳度，重点部位更加醒目的照明称为重点照明（图 2-52）。

重点照明常采用白炽灯、金属卤化物灯或低压卤钨灯等光源，灯具常用筒灯、射灯、方向射灯、壁灯等安装在远离墙壁的顶棚、墙、家具上，保持与基础照明照度 5：1 的比例，并形成独立的照明装置。对立面进行重点照明时，从照明装置至被照目标的中央点需要维持 30° 角，以避免物体反射眩光。

4. 装饰照明

装饰照明是利用照明装置的多样装饰效果特色，增加空间环境的韵味和活力，并形成各种环境气氛和意境（图 2-53）。装饰照明不只是纯粹装饰性作用，也可以兼顾功能性，要考虑灯具的造型、色彩、尺度、安装位置和艺术效果等，并注意节能。

图 2-51（左上）局部照明。
图 2-52（中上）重点照明。
图 2-53（右上）装饰照明。

二 照明的基本要求

●照度水平

由于不同活动空间对照度要求的差异，居住空间照明设计要适当控制空间照度水平，例如，社交活动和工作学习空间需要有高照度照明；在睡眠休息的卧室采用低照度照明。

随着近几年居住环境设计要求的提高，我国《民用建筑照明设计标准》的推荐值（表二）已显得略低，应尽量采用中、高范围的照度标准值进行照明设计。

类别		参考平面及其高度	照明标准值 (lx)		
			低	中	高
起居室 卧室	一般活动	0.75m 水平面	20	30	50
	书写阅读	0.75m 水平面	150	200	300
	床头阅读	0.75m 水平面	75	100	150
	精细作业	0.75m 水平面	200	300	500
餐厅或厅、厨房		0.75m 水平面	20	30	50
卫生间		0.75m 水平面	10	15	20
楼梯间		地面	5	10	15

表二

图 2-55（左上）多层次的照明。

图 2-56（右上）照明补偿。

为了提高空间环境的舒适性，保持适当的空间亮度水平和对比非常重要。不同活动空间的亮度水平存在一定的差异，工作区、工作区周围和环境背景三者之间的亮度差别不宜过大，对比过于强烈会引起不舒适的眩光，容易让人疲劳和烦躁。一般情况下，工作区和周围的亮度对比不超过 4 倍，并尽量达到最小对比。

室内均匀分布亮度会令人感到不舒适的单调，造成空间美感不足，优秀的居住空间照明设计应根据环境的不同设计出有变化且富有层次感的亮度分布（图 2-55）。

室内反射环境对照明具有一定的影响，相同照度在光滑的浅色调室内环境中显得较亮，而在粗糙的深色调室内环境中则显得较暗，需要一定的光线补偿照明（图 2-56）。

不同的空间环境需要不同的光线色调，室内空间环境如为暖色调，则照明应使用暖色调的主光源；如为冷色调，则照明应采用冷色调的主光源。家务劳动和工作学习适合使用冷光源；就餐、会客、视听适合使用暖光源。

装饰照明和局部照明在居住空间环境中是不容忽略的重要部分，造型优美的灯具装置本身就是很好的环境配饰品；在沙发、书桌、厨具和床头等需要高照度的局部空间必须设置局部照明。

不同年龄段人群对照度要求也不尽相同，我们假设 20 岁人群需要的照度为 1，35 岁人群应是 2，65 岁人群应是 5。因此，为了更好地满足空间环境的使用需要，照明设施应具有良好的调节和补充可能性。

在居住空间环境中，节能的照明设计体现了降低生活成本的经济生活观念，被广泛采用的紧凑型荧光灯的效率是白炽灯的 4~5 倍，适当地使用调光器可以灵活地调节灯光，电子镇流器可节能 15% 左右。

三 各类型空间的照明设计

1. 玄关、通道

玄关给人的第一印象非常重要，因此，要使用艺术性较强和照度较高的灯具。在较为狭小的玄关和通道空间，通常选用筒灯和壁灯作为基本照明（图2-57），为了减少空间的压抑感和提升空间的档次，也会采取透明或半透明玻璃吸顶灯和壁灯并用的照明方式。由于经常开关，玄关和通道照明光源常采用白炽灯，并设置定时或多联开关，以方便使用和节能。

2. 客厅

客厅是个多功能的活动场所，应设置灵活多变的多用途照明方式，并将全面照明、局部照明和装饰照明结合起来（图2-58）。根据生活需要，全面照明至少要有两个方案，一种是欢快大方的高亮度照明，另一种是温馨柔和的低亮度照明。在艺术收藏品或其他体现主人兴趣和品位的局部空间采用少量装饰照明方式，以此增加空间的层次和愉悦感。为阅读学习活动提供照明，布置在沙发旁的台灯也是客厅照明的重要内容。

面积较大的客厅通常采用高亮度的花式吊灯照明，空间高度较高时采用链吊式或管吊式吊灯，空间高度低于2.7m时采用吸顶式吊灯。

3. 厨房

厨房是个高温和容易污染的环境，一般选用白炽灯作为光源和容易清污除垢的防尘型灯具，并吸顶式安装灯具，不宜采用线杆式或不耐高温的塑料制品吊灯。由于厨房的操作内容较多，需要较高的照度，通常把灯具嵌入安装在吊柜的下部设成局部照明，以满足备餐操作的照明需求（图2-59）。

图2-57（左下）通道照明。

图2-58（右下）基础照明对于客厅非常重要。

图2-59（左上）厨房操作台的局部照明。
图2-60（右上）餐厅的吊灯照明。

4. 餐厅

食物需要较好的显色性，餐厅宜采用白炽灯作为光源和吊灯照明，灯泡功率可为100W，灯具悬吊在距餐桌面高度1~2m的正上方，但吊灯支点任意固定在其他位置。这种照明方式容易营造自然、亲切的环境（图2-60）。

随着吧台在家庭的普及，作为富有情趣的小酌休闲之处，应设筒灯、射灯或小吊灯作为照明。

5. 卧室

作为家庭生活的重要内容，经常开关灯对灯管寿命影响较大，卧室的基础照明不宜采用荧光灯和紧凑型荧光灯。当空间高度较高时采用较短的吊杆或吊链的吊灯，低矮的空间采用吸顶灯。

床头局部照明可以采用背景墙的嵌入式筒灯、床头柜上的台灯或落地式台灯照明，背景墙的筒灯可以照射墙面增加空间艺术气氛，又可为床头阅读学习照明；床头设台灯或落地灯的照明效果较好，灯具丰富了空间的物质形态，最佳的高度是灯罩的底部与人眼在一个水平线上（图2-61）。

梳妆要求光色、显色性较好的高照度照明，最好采用白炽灯或显色指数较高的荧光灯。梳妆台灯具最好采用光线柔和的漫射光灯具，如乳白玻璃灯具、磨砂玻璃荧光灯箱等，安装在梳妆镜的正上方，灯具应在水平视线的60°以上，灯光照射人的面部而不是射向镜内，以免对人的视觉产生眩光，使人的面部不产生很重的阴影。

图2-61 床头的台灯照明。

6. 书房

书房的主要功能是阅读、书写，需要柔和的光线，基础照明的照度为50~75lx，可采用筒灯、乳白玻璃灯等灯具。造型多样的台灯需要为工作学习提供照度为300~500lx的局部照明；书房的书法、绘画、壁挂和装饰柜宜设置局部重点照明，嵌入式可调方向的投射筒灯或导轨式射灯照明可以衬托

图 2-62（左上） 个性化的书房照明。
图 2-63（右上） 卫生间基础照明。

环境，营造空间环境的文化品位（图 2-62）。

7. 卫生间

由于卫生间环境比较潮湿，通常采用吸顶或吸壁安装防潮型灯具，灯具玻璃为磨砂或乳白玻璃，白炽灯光源为 60W，漫射玻璃的荧光灯为 36W（图2-63）。梳妆照明在考虑灯具防潮的前提下，与卧室梳妆的做法相同。

思考与练习

1. 基础照明和局部照明有什么区别？

2. 如何满足不同年龄段人群的照明需求？

3. 客厅、厨房、卫生间照明各有什么特点？

CHAPTER 3

居住空间设计的基本内容

第三章
居住空间设计的基本内容

第一节 居住空间的功能特点

　　用家来称呼居住空间，是因为它不仅提供我们安全的栖息之地，把我们和外部环境隔离开来，还让我们在这里体会亲人之间的温情，帮助我们健康成长。人们从个人生活到社交活动的很大部分都发生在这里，并从中得到从生理、安全、社交、自尊到自我实现五个需求层次的满足，居住空间环境的基本使用功能有社交、备餐、就餐、睡眠、卫浴、工作学习、储藏、娱乐等（图 3-1）。

一 社交

1. 功能内容

　　虽然社交活动不仅指家庭对外界的招待，还包含家庭内部的交流，现代社会的主流生活方式决定了社交活动主要有接待、交谈、视听三部分，而延伸的内容就包括就餐、工作学习、娱乐等，实现过程如图 3-2 所示。

　　社交活动涉及的家具有鞋柜、衣架、沙发、茶几、视听柜等。

图 3-2 社交实现过程。

图 3-1 从玄关到客厅需要满足较多使用功能。

2. 空间尺度

下面让我们来看看社交活动中常用的一些空间尺度（图3-3、4、5、6）。

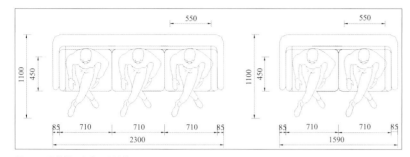

图3-3 男性的三人和双人沙发。

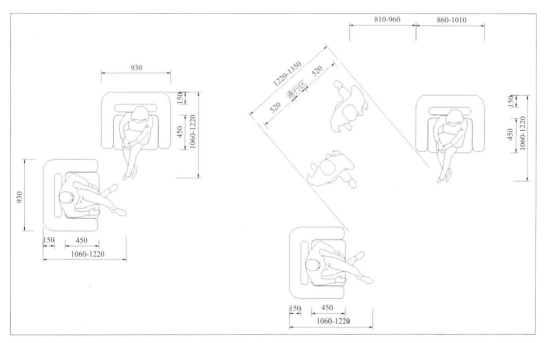

图3-4 拐角处和可通行拐角处沙发平面布置。

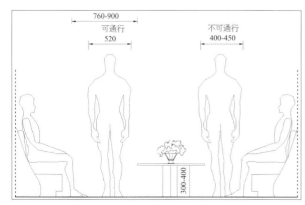

图3-5 会谈区可通行布置。

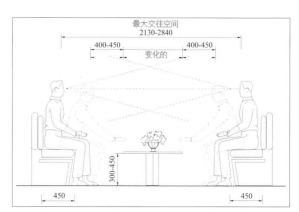

图3-6 会谈区沙发布置。

二 备餐

1. 功能内容

备餐是以就餐为目的的家庭工作重要部分，它的操作过程和工具有严格的要求，并随着科技的发展，对电器的依赖也越来越大，清洗、调理、烹饪（煮、炒、烤）是操作的主要部分，操作过程如图3-7所示。

备餐涉及的工具有：

（1）调理台部分：切削用具（刀、叉）、盛放容器（碗、杯、托盘）、切板、食物搅拌器、榨汁器等。

（2）清洗台部分：废物容器（垃圾桶）、过滤容器、热水器、洗碗机等。

（3）烹饪台部分：炉灶、电烤箱、电饭煲、锅、铲、勺、盛放容器等。

2. 空间尺度

（1）清洗部分：（图3-8、9）

（2）调理部分：（图3-10）

（3）烹饪部分：（图3-11、12）

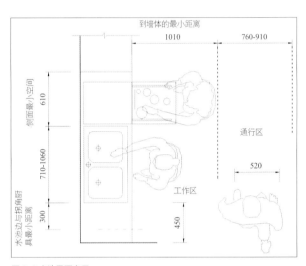

图 3-7 备餐过程。

图 3-8 水池平面布置。

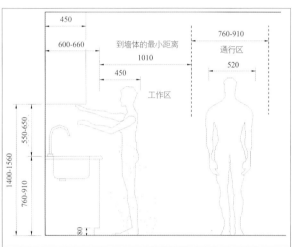

图 3-9 水池立面布置。

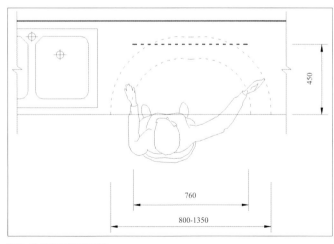

图 3-10 调理工作平面布置。

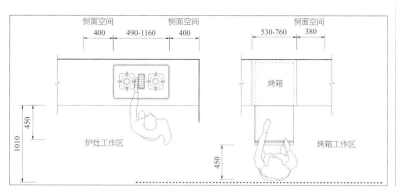

图 3-11 炉灶和烤箱工作平面布置。

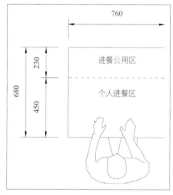

图 3-12 炉灶和烤箱工作立面布置。

三 就餐

1. 功能内容

就餐满足了人们生活中必不可少的基本生理需求，在大部分情况下，被视为是社交活动的延伸。就餐涉及的家具有餐桌、餐椅、酒吧台等。

2. 空间尺度

（图 3-13、14、15、16）

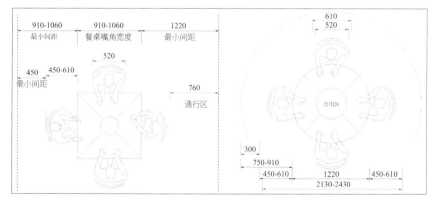

图 3-13 单人就餐平面布置。

图 3-14 四人就餐方形和圆形桌。
图 3-15（左下）六人就餐长方形餐桌（西餐）。
图 3-16（右下）就餐区立面布置。

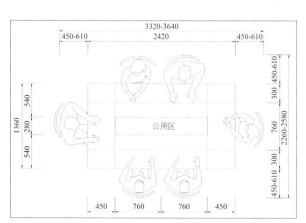

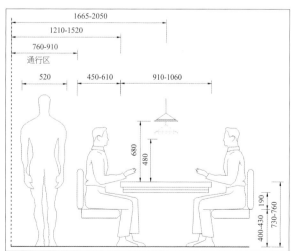

四 睡眠

1. 功能内容

人的生命有三分之一的时间是在睡眠中度过的，虽然睡眠中的人们并不清醒，但这并不影响对空间环境舒适性的苛刻要求。

睡眠涉及的家具有床、躺椅、床头柜等。

2. 空间尺度

（图 3-17、18、19、20）

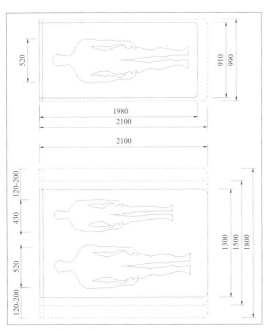

图 3-17 单人床和双人床平面尺寸。

图 3-18 双床、床与墙的间距。

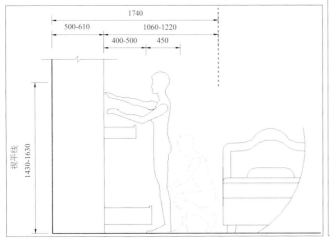

图 3-19 衣柜与床的间距。

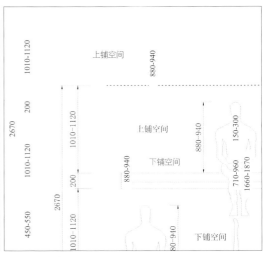

图 3-20 双层床立面布置。

五 卫浴

1. 功能内容

卫浴功能主要有盥洗、沐浴和如厕三部分。

卫浴涉及的家具有浴缸、淋浴房、洗手盆、坐便器、洗衣机等。

2. 空间尺度

（图 3-21、22、23、24、25、26、27）

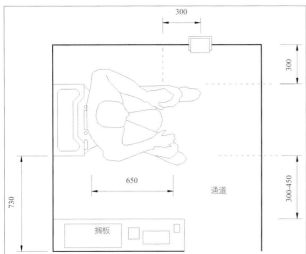

图 3-21 坐便器平面布置。

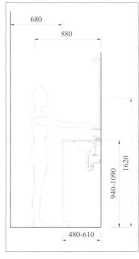

图 3-22 坐便器立面布置。

图 3-23 男性洗手盆立面布置。

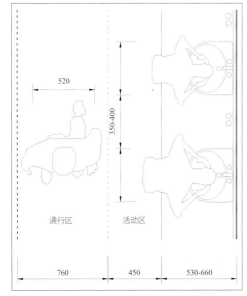

图 3-24 洗手盆平面布置。

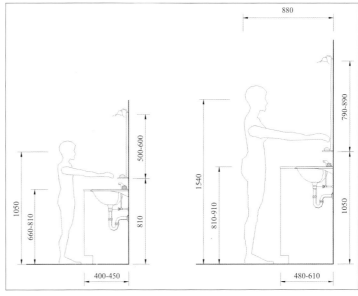

图 3-25 儿童和女性洗手盆立面布置。

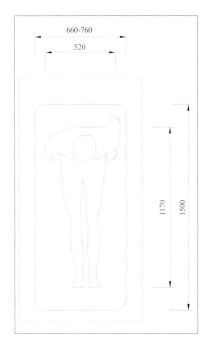

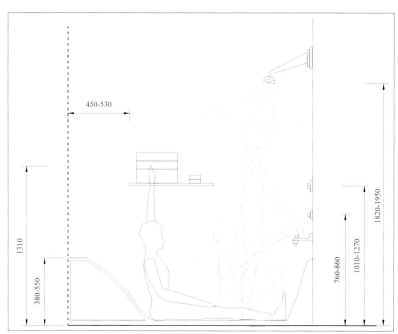

图3-26（左上）单人浴盆平面。

图3-27（右上）淋浴、浴盆立面布置。

六 工作学习

1. 功能内容

工作学习是人们生活中的重要部分，由于工作学习内容的差异，它的表现形式极不相同，如绘画者需要画架、展台等用具组成的工作环境，音乐工作者需要各种乐器组成的工作环境，其他软件工作者、模型工作者等也不尽相同。下面我们讨论的是，家庭生活中以读书、写字为主要内容的工作学习。

工作学习涉及的家具有书桌、工作椅、电脑桌等。

2. 空间尺度

（图3-28、29、30）

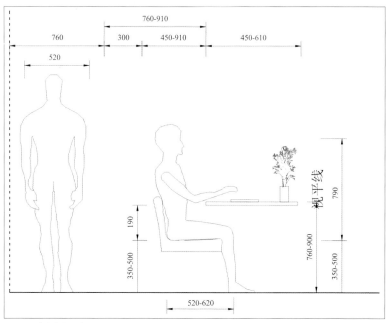

图3-28 办公桌立面布置。

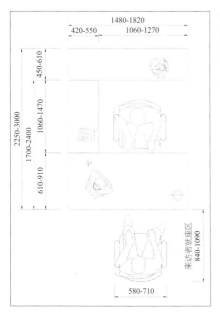

图 3-29 U 形办公桌平面布置。

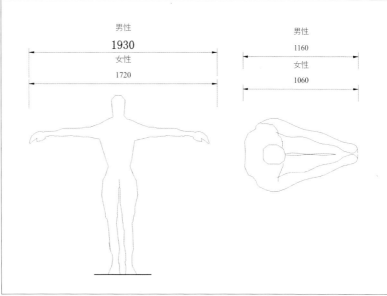

图 3-30 人体尺寸。

七 储藏

1. 功能内容

在大部分情况下，其他功能都需要和储藏功能相结合，才能顺利实施。当然，储藏功能也可以独立存在。储藏涉及的家具有衣柜、酒柜、书柜、储藏柜等。

2. 空间尺度

（图 3-31、32、33、34）

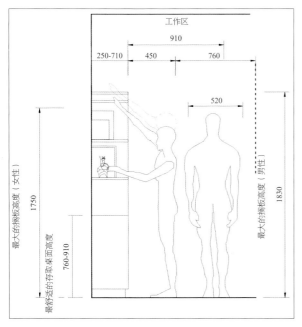

图 3-31 储藏空间立面布置（一）。

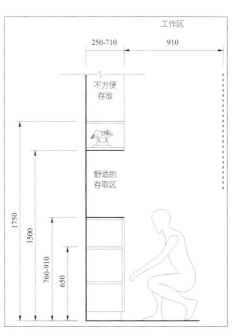

图 3-32 储藏空间立面布置（二）。

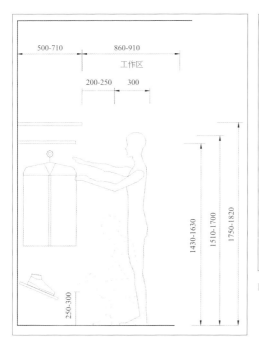

图 3-33 衣柜内部立面布置。

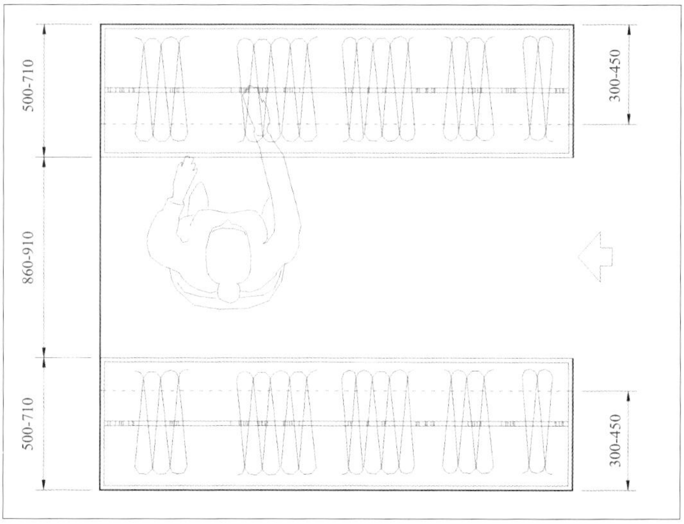

图 3-34 小型储衣间。

八 娱乐

1. 功能内容

娱乐强调的是人们生活中的心理感受，由于个人的兴趣爱好不同，内容可以多种多样，主要有棋牌、健身、视听等。

2. 空间尺度

（图 3-35、36、37、38、39、40）

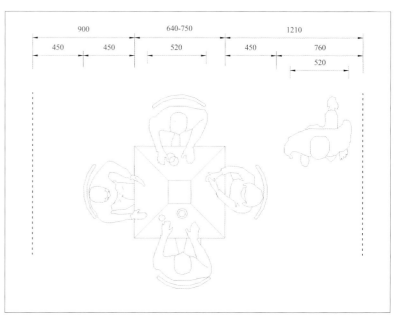

图 3-35 棋牌桌平面布置。

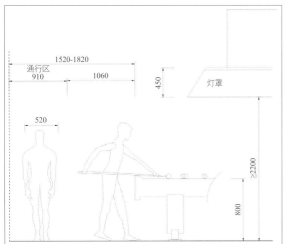

图 3-36 台球活动所需空间。

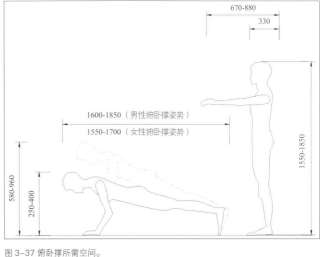

图 3-37 俯卧撑所需空间。

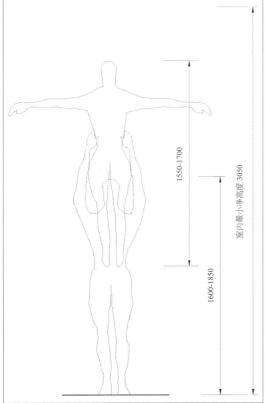

图 3-39 舞蹈活动所需空间。

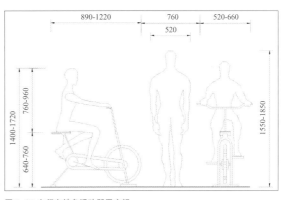

图 3-38 自行车健身活动所需空间。

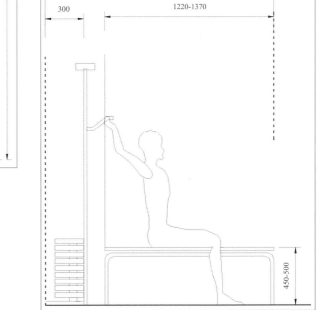

图 3-40 举重活动所需空间。

思考与练习

1. 谈谈你对居住空间中社交功能的认识。

2. 谈谈你对居住空间中备餐功能的认识。

第二节 不同功能类型的内部空间

现代居住空间设计的空间组织不再是以房间组合为主，空间的划分也不再局限于硬质墙体，而是更注重空间内会客、饮食、学习、睡眠等功能之间的逻辑关系。按空间的主要功能可分为玄关、客厅、厨房、餐厅、卧室、卫生间、书房、储藏室、阳台、通道等。

一 玄关

在中国传统民居建筑中并没有独立的门厅与玄关的区划，但是，明清民居和私家园林的进入必须经过庭院，庭院中的照壁也就是今天的玄关的功能。玄关原指佛教的入道之门，现在泛指厅堂的外门，就是居室入口的一个区域，也常被称为门厅，是居住空间环境给人的第一印象。入户后是否有隔离或过渡，即玄关的设置，是评价居住空间质量的重要标准之一（图3-41）。

接待和欢迎客人是一项重要的礼仪，应通过合理的设计方便这一社交环节的完成。当打开大门并简单问候客人以后，主人应站在一边让客人有宽敞的空间可以通过。进屋换鞋正日益成为大部分家庭的生活习惯，而客人的换鞋、放置雨伞或其他物品需要主人提供帮助（图3-42）。玄关的设计有三个目的：（1）为了保持居室其他空间的私密性，引导过渡进入其他空间；（2）美化装饰环境和为整体空间设计做铺垫；（3）方便家庭成员和客人脱衣、换鞋、挂帽等使用，在设计上要与客厅分清主次，避免喧宾夺主。

图3-41（左下）玄关。

图3-42（右下）不容忽视的玄关鞋柜设计。

图 3-43（左上） 各种类型的玻璃有利于创造一个具有通透性的过渡空间。

图 3-44（中上） 陶器、传统的窗格都是不错的装饰选择，鞋柜下放些鹅卵石已广为大家所接受。

图 3-45（右上） 开放式的玄关也是可以的。

● 玄关的设计要点（图 3-43、44、45、46）

空间划分强调玄关的空间过渡性。根据整个居住空间面积和空间特点，因地制宜随形就势引导过渡，玄关的面积可大可小，空间类型可以是圆弧形、直角形，也可以设计成走廊玄关。虽然客厅不像卧室那样具有较强的私密性，最好能在客厅与玄关中间进行一下隔断，除起到一定的使用和装饰作用外，在客人来访时，使客厅中的成员有个心理准备，还能避免客厅被一览无余，增加整套居住空间环境的层次感，但这种遮蔽不一定是完全的遮挡，而经常需要有一定的通透性。

家具的摆放既不能妨碍主人出入，又要发挥家具的使用和美化功能。通常的选择是低柜和长凳，低柜属于集纳型家具，可以放鞋、雨伞、杂物等，柜子上还可放些钥匙、背包等物品。长凳的主要作用是方便换鞋、休息等。把鞋柜、衣帽架、穿衣镜等设置在玄关内时，鞋柜可做成隐蔽式，衣帽架和穿衣镜的造型应美观大方，与玄关风格相协调。

隔断的方式多种多样，可以采用结合了实用低柜的隔断，或者采用将玻璃通透式和格栅围屏式屏风与隔断相结合，既分隔空间又保持大空间的完整性，这都是为了体现玄关的实用性、引导过渡性和展示性三大特点，至于材料、造型及色彩，完全可以不拘一格，但是一定要和整体空间环境设计风格相协调。

玄关的地面材料总是考虑的重要方面，不仅因为它经常承受磨损与撞击，还因为它是常用的空间引导办法。瓷砖便于清洗，也耐磨，通过进行各种地面铺设图案设计，能够适宜地引导人的流动方向，只不过瓷砖的反光会让整个区域看起来有点儿偏冷。

照明方面，由于玄关里有许多弯曲的拐角、小角落与缝隙，缺少自然采光，应有足够的人工照明，所以让照明设计分外困难。根据不同的位置合理安排筒灯、射灯、壁灯、轨道灯、吊灯、吸顶灯，可以形成焦点聚射，营造不同格调的生活空间，例如使用嵌壁型朝天灯与巢型壁灯都可让灯光上扬，产生相当的层次感，灯色可以偏暖，产生家的温馨感。

图 3-46 鞋柜和鱼缸结合的玄关隔断是不错的选择

二 客厅

　　客厅概念强调的是家庭和外部的社交关系，而起居室概念强调的是家庭内部交往活动，两者并不是简单对立的两个概念，在绝大多数情况下，它们是合二为一的。客厅可以具有很多使用功能，如交谈、就餐、工作、娱乐。客厅作为家的核心，是家居格调的主脉，它的设计往往决定着整套居住空间的基调，在设计中要赋予客厅家的感觉，除了要考虑其休闲、聚会、会客、娱乐等实用功能外，还要考虑家人的社会背景、爱好、情趣、舒适度、美观等多方面因素，结合空间特点全面综合考虑、布置，创造一个舒适安逸的休闲空间（图3-47、48）。

图3-47 玻璃和水泥之间的材质对比是空间设计的重要方面。

图3-48 多层次的天花板减少了空间的空旷感。

图 3-49（左上）温暖开敞的客厅。

图 3-50（右上）素色的客厅在窗外阳光的照射下，独具韵味。

由于交谈是生活中最普遍的社交活动，以至于人们把它视为社交活动中最重要的内容，尽管家庭内部或与客人之间的交谈可以在任何一个空间内进行，但多人的交谈在客厅内进行是那么的自然和适宜。

温暖宽敞的空间、舒适的家具、格调高雅的室内风格、宜人的芬芳和美味的食物能够吸引人们相聚并且长时间相处，从而顺利开展社交活动（图3-49、50）。

● 客厅的设计要点

由于客厅的利用率极高，布置应以宽敞为原则，为体现舒畅和自在的空间感觉，最好通过家具的合理摆放来有效利用空间。通常情况下，主要考虑沙发、茶几、椅子及视听设备，客厅沙发的布置较为讲究，主要有面对式、"L"式及"U"式三种：

"L"式，"L"式布置适合在小面积客厅内摆设。视听柜的布置一般在沙发对角处或陈设于沙发的下对面。"L"式布置法可以充分利用室内空间，但坐在连体沙发转角处的人会产生不舒适的感觉（图3-51）。

面对式，面对式的摆设容易为交谈双方营造自然而亲切的气氛，但对于追求视听功能的客厅空间来说，不太适合，因为电视及视听柜位置一般都在交谈双方的侧面，斜侧着头看电视是很不妥当的，所以目前通常的做法是让沙发与视听柜相面对，而不是沙发与沙发相面对（图3-52）。

"U"式，客厅中较为理想的沙发摆放是"U"式。视听柜的布置面对主沙发座位，能营造庄重气派又亲密温馨的氛围，使人轻松自在地进行交流（图3-53）。

客厅的设计应注重室内和室外之间的连接。可以充分利用阳台和大面积窗户，可以采用造型和材料的变化与延伸，将客厅与阳台融为一个整体，在阳台上远眺成为客厅休闲功能的延伸；也可以通过大面积窗户将室外环境借景于室内（图3-54）。

重视视听背景墙和视听柜的设计，视听娱乐功能是现代主流社交生活中的重要功能，将客厅一个空间立面设计成视听背景墙就是设定空间的视觉焦

图 3-51 "L"式沙发布置。

图 3-52（左上）面对式沙发布置。

图 3-53（中上）面对式沙发布置。

图 3-54（右上）借室外景观是室内设计的重要手法。

点，可以根据主人的审美取向和实用性结合在一起，既可以展示装饰物，又可以储藏碟片（图 3-55、56）。

不要忽略客厅家具的基本储藏功能。由于客厅的频繁使用，容易出现杂乱，从审美心理的角度来说，杂乱的空间环境容易让人产生烦躁感和厌恶感；从风水的角度来说，杂乱的空间会产生不通畅的气场，从而不利于人的居住。所以在设计客厅时，可以选择部分带有储藏功能的家具，如底部带有储藏功能的茶几和沙发，也可以增加视听柜的储藏功能，或者在客厅的转角等空间结合储藏家具来设计（图 3-57）。

注重色彩设计。由于客厅是社交活动中的主要场所，由于个人的性格、修养和职业不同，客厅的色彩设计应充分体现主人的情趣，在主人喜欢的颜色基础上，做合理的色彩搭配，并以客厅的色彩决定其他空间的色彩及组合，较其他空间而言，客厅色彩设计具有更大的可能性，限制因素较少，表现方式也更为多样（图 3-58）。

客厅空间需要多层次的照明设计。客厅的功能内容最为丰富，不同生活习惯和丰富的空间内涵需要多种照明方式并存，仅由主灯实现生活照明的单一方式不能营造温馨的空间环境，在各个照明灯具或照明线路上，要设置调光器和不同开关组合，采用落地灯、台灯、筒灯、射灯和摇头聚光灯等可动式灯具来增加局部照明，让多层次的照明设计画龙点睛地提升整个空间的格调（图 3-59）。

小客厅的设计不仅要做到形式上的简洁，还应注重家具的合理组合功能。使用饰物应该力求简单，只要起到点缀效果就行，尽量不要放大盆栽。过多使用橱柜是不可取的，会使空间显得太过拥挤，可以将摆放电视机的固定电视柜改用带轮子的低柜，这样就会大大提高空间的利用率，而且具有很强的变化性。

合理划分大面积的客厅空间。用大尺度的家具和饰物搭配大空间固然不错，但增加空间内多种使用功能也是重要的设计方式（图 3-60）。

图 3-55 装饰照明。

图 3-56（左上）重点照明。

图 3-57（右上）鲜艳的橙色装饰画在白底色中，显得突出又不至过分刺眼，强势成为空间的焦点。

图 3-58（上）黑、白、灰三种颜色巧妙结合，使得整体氛围看起来简洁而不沉闷，具有创意的墙面装饰也为客厅增添了时尚感。

图 3-59（左）在这样一个色彩丰富的空间环境中，素描装饰画为空间增加了几分思考深度。

图 3-60 客厅不再布置电视机也被很多人接受，这样可以把更多的精力放在空间的其他方面。

三 厨房

对于绝大部分家庭来说,备餐是重要的家庭工作内容,而厨房也日渐成为家庭成员交流的空间,仅仅面积大的厨房并不能保证是一个功能齐全、感觉舒适的空间,空间怎样被合理利用才是最重要的。厨房工作需要一定流程,其中最重要的四个功能是:储藏、清洗、调理和烹饪(图3-61)。

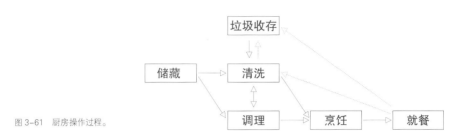

图3-61 厨房操作过程。

厨房的设计在空间处理上有密闭式和开放式两种,密闭式厨房能减少厨房使用时对客厅和家居的空气污染(图3-62);在厨房使用频率较少和以无烟式烹饪为主的情况下,可以采用开放式厨房设计,这样有利于厨房和餐厅等其他类型空间之间的连接,创造丰富的空间设计(图3-63、64)。运用拉门设计所呈现出的随心所欲的开放和封闭状态,越来越受到人们的欢迎(图3-65)。厨房的平面布局主要有一字形、过道形、U形、L形和岛形五种:

一字形厨房布局人都是因为空间过于狭小,不得已而为之。要严格按照操作流程设计,也不利于多人的协同操作(图3-66)。

过道形厨房可以节约交通空间,但交通对操作有干扰(图3-67)。

L形厨房布局对厨房面积的要求不是很高,所以比较常见。一般情况下,把灶台和油烟机摆放在L形较长的一面,如果空间允许,就可以在L形较短的一面摆放冰箱或地柜(图3-68)。

U形厨房的布局适合于在宽度2.2 m以上接近正方形的厨房,这种布局方式空间紧凑,一人的操作比较省力、省时,也适合两人的协同工作(图3-69)。

岛形厨房布局最适合家庭成员在厨房协同工作和交流,但要求空间足够宽敞。可以把岛作为操作台,也可以作为就餐区,全家人可以围坐在岛前备餐或者就餐,使家庭气氛更加融洽,增加家庭成员的沟通(图3-70)。

图3-62(左下)封闭式厨房。

图3-63(右下)开放式厨房表现。

图 3-64（左上）厨房的推拉门。

图 3-65（右上）开放式厨房表现。

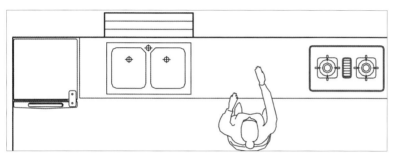

图 3-66 一字形厨房。

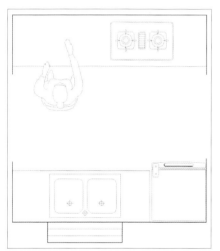

图 3-67 过道形厨房。

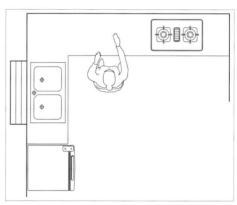

图 3-68 L 形厨房。

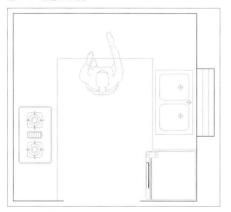

图 3-69 U 形厨房。

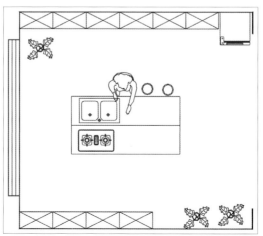

图 3-70 岛形厨房。

由于厨房工作对安全性、实用性和整体性要求较高，厨具的设计成为厨房设计的重要内容。专业的厨具业应运而生，充分利用空间的整体厨具设计，经典地满足了现代都市人们的生活需要。它可以将操作台、橱柜、水槽、电器等合理地结合在一起。

● **厨房的设计要点**

储藏部分：厨房储藏部分的设计应根据使用频率、卫生、安全、实用的原则分类布置。存放常用调料盒、杯子、玻璃器皿和餐盘的壁柜应布置与水槽紧邻；存放去污粉、洗涤精或其他化学清洗剂部分和内藏式垃圾桶的最佳摆放位置在水槽下的地柜。

清洗部分：水槽的设计应根据配菜和洗涤器皿的不同需要而区别设计，洗碗机在以水槽为界炉灶的另一旁，最常见的水槽与地柜的组合是：两个水槽分别是 340mm 和 293mm 宽、安装在 800mm 宽的工作台面上。

调理部分：水槽和灶具之间是厨房的中心点，需要保持至少 800mm 的距离，1000mm 更好。鱼、肉、蔬菜等都在这里准备好，所需的炊具和调料要放在随手可及的地方。

烹饪部分：炉灶周围工作台面的每一边都要能经受至少 200℃的高温，炉灶两旁的工作台面保持不少于 400mm 宽，汤煲、电饭煲也应合理考虑和安排在工作台面上，电烤箱和微波炉要与炉灶有一定的距离，常采用嵌入式家电设计。

厨房的地面要低于餐厅地面，做好防水防潮处理，宜采用防滑、易于清洗的陶瓷材料地面；在潮湿的南方地区，墙面也容易发生渗漏，顶面、墙面宜选用防火、抗热、易于清洗的材料，如釉面瓷砖墙面、防潮防霉处理的墙面漆和铝板吊顶等。

照明部分：工作台面区的采光来自厨房顶灯和吊柜下前端安装的照明灯，照度适宜的灯安装在适当位置比采用高瓦数的灯更重要。工作台面和吊柜底端的距离保持 500mm 的距离，安置位置要尽可能地远离炉灶，不要让煤气、水蒸气直接熏染，灯光在工作台面上不反光，避免眼睛被灯光直射。

忌讳餐具暴露在外和夹缝过多。如果厨房里又多又杂的锅碗瓢盆、瓶瓶罐罐等物品都袒露在外，油污沾上又难清洗，或者夹缝过多容易藏污纳垢。例如天花板和吊柜之间就应尽力避免夹缝。

厨房设计的最基本概念是"三角形工作空间"，即洗菜池、冰箱及灶台都要安放在适当位置，相隔的距离最好不超过一米。

面积足够大的厨房可以采用开放式和封闭式两种布局结合的方式，封闭性厨房注重实用性和灶具厨具的经久耐用，面积比较小，能够满足炒、煎、炸、炖的需求。而开放式的厨房更注重展示效果，增加娱乐、工作、休息等多种功能，面积比较大。

四 餐厅

就餐，对于每个家庭成员来说，不仅仅是满足人的基本生理需求，还是经常交流的社交场所。从"可以吃"到"吃感觉"体现了人们对高品质生活的追求，餐厅的设计要便捷、卫生、舒适，更重要的是，通过设计营造氛围融洽和格调高雅的空间使用环境（图3-71）。

● 餐厅的设计要点

餐厅是家庭团聚最多的地方，通常也是较为拥挤的一个空间，靠近厨房的独立式餐厅形式最为理想，这样方便备餐工作。目前，由于人们住房面积普遍不大，餐厅面积较小，因此餐桌、椅、柜的摆放与布置必须为家庭成员的活动留出合理的空间，狭窄的餐厅可以在不使用的情况下，将餐桌靠在一边或选择折叠式餐桌，这样空间会显得大一些，也可以在墙面适当安装一定面积的镜面，这在视觉上可以造成空间增大的感觉。

但是在客观居住环境条件限制下，采用各种灵活的布局方式，比如将餐厅设在厨房、过厅或者客厅，也有各自的特点。厨房与餐厅合并，这种使用的布局在就餐时上菜快速简便，能够充分利用空间。只是不能使厨房的烹饪活动受到干扰，也不能破坏进餐的气氛。客厅或门厅兼餐厅用餐区布置要以邻接厨房最为恰当，它可以同时就座进餐和缩短食物供应的交通线路，也可避免菜汤、食物弄脏环境（图3-72）。

通过屏风、吧台等家具或绿化划分餐厅与其他空间是实用性和艺术性兼具的做法。它保持了空间的通透性，但是这种布局下的餐厅应注意与其他空间在设计格调上保持协调统一，并且不妨碍人们的交通（图3-73）。

餐厅的色彩设计宜采用暖色系，因为从色彩心理学上来讲，暖色有利于促进食欲，这也就是为什么很多餐厅采用黄色、红色的原因。在餐厅和客厅都是相通的空间环境中，从空间感和主次关系的角度，餐厅的色彩要强调和客厅色彩的协调（图3-74）。

图3-71 就餐过程。

图3-73 地砖、餐桌、天花板的圆形与整体空间的圆形相呼应，浑然一体，营造出典型的传统家庭就餐环境气氛。

图3-72 在厨房设计中，恰当的空间规划、合理的操作程序、适量的功能布置都对设计师的生活体验提出一定的要求。

图 3-74（左） 在邻近色的搭配中，明度变化显得极其重要，白色的桌面和黑色的桌腿让空间精神起来。

图 3-75（中上） 地面的设计要尽量保持通道的完整性。

图 3-76（中下）餐桌上方的天花板是餐厅设计的一个重点。

图 3-77（右）暖色的餐厅空间环境。

家具的选择在很大程度上决定了餐厅的风格，最容易冲突的是空间比例、色彩、天花板造型和墙面装饰品。根据房间的形状大小，决定餐厅餐桌椅的形状大小与数量，圆形餐桌能够在最小的面积范围容纳最多的人，方形或长方形餐桌比较容易与空间结合，折叠或推拉餐桌能灵活地适应多种需求（图 3-75、76）。

选用促进食欲的装饰品，花草、水果及风景的照片等。

文化对就餐方式的影响集中体现在就餐家具上。中餐的围绕一个中心共食方式决定主要采用正方形和正圆形的餐桌；西餐的分散自选方式决定采用长方形的餐桌。为了赶时髦、图好看而使用长方形大餐桌并没有满足真正的生活需要。

餐厅的地面既要沉稳厚重，避免华而不实的花哨，又要选择高实用性较易清理的瓷砖、木板或大理石等材料，尽量不使用易沾染油腻污物的地毯。墙面和天花板的设计要注意与家具、灯饰的搭配，突出自己的风格，不可信手拈来，盲目堆砌各种形态。

照明是餐厅中营造气氛的主角，主要照明以天花板垂下的吊灯为佳，光线不可以直接照射用餐者头部，应聚集在餐桌台面区域。餐厅的灯光还要有相关烘托就餐环境的辅助灯光，如在家具内设置照明、艺术品、装饰品的局部照明等，辅助灯光比餐桌上的主要光源的照度要低，在突出主要光源的前提下，光影的安排要做到有次序，不紊乱。对灯具的选择，不能只强调灯的形式，漫射光的低色温白炽灯、奶白灯泡或磨砂灯泡不刺眼，带有自然光感，比较亲切、柔和，低色温灯和高色温灯结合的混合照明效果比较接近日光，而且光源照出不单调，都是设计中必须要考虑的（图 3-77）。

图 3-78 气氛温馨、格调优美的卧室设计。

五 卧室

卧室是居住空间中完全属于使用者最私密的空间，纯粹的卧室是睡眠和更衣的空间，由于每个人的生活习惯不同，读书、看报、看电视、上网、健身、喝茶等在这里是必要的空间功能完善。15—20 平方米的卧室最为适宜，可以划分为睡眠、梳妆、储藏、视听四个基本区域，在条件允许的情况下，可以增加单独的卫生间、健身活动区等附加区域。

卧室的设计必须在安全、私密、便利、舒适和健康的基础上，创造充分表露使用者个性特点的温馨气氛和优美格调，使其生活能在愉快的环境中获得身心的满足（图 3-78）。

● 卧室的设计要点

以床为中心进行空间设计。在卧室平面中，床所占的面积也很大，使用的时间也最多，空间的布局、色彩、装饰和装修风格，一切都应以睡眠区的床为中心而展开。床的尺寸要大小合适，既满足使用需要，又和空间的比例协调，通常选择的规格有 1800mm×2100mm、1500mm×2100mm、1300mm×2100mm 等。由于大部分的卧室面积都很有限，因此在卧室中除了必备的家具外，不要摆放过多使用频率较低的家具，以免给人留下空间压抑感（图 3-79）。

图 3-79 床是卧室的中心。

提高私密性和舒适性是卧室设计的重要原则。私密性包括安全、隔音和阻隔外部视线，卧室应布置在整套居住空间的边缘，尽量与客厅等公共活动区分开，而门窗应采用密封性好的材料；卧室的舒适性体现在卧室的家具、色彩、布艺、开关的每一个细节（图 3-80）。

在卧室中，床头柜和电视柜可以用来放置书、珠宝等小件物品，更衣和储藏衣物主要是通过衣柜来实现，在空间面积允许的情况下，也可以规划一个使用方便的更衣间。看似功能简单的衣柜，要想设计好并不简单，应根据个人生活习惯、人体工程学、物品的使用频率和各类所需空间进行合理设计。

图 3-80 卧室的舒适性体现在卧室的家具、色彩、布艺、开关的每一个细节。

卧室空间功能逐渐增加。伴随着人们对居住环境要求的不断提高，卧室除了为人们提供睡眠空间之外，比以往更注重休闲功能。进行卧室设计时，

图 3-81（左上）卧室空间的功能逐渐增加。

图 3-82（右上）卫生间转移到卧室空间内。

摆放一个躺椅在窗口可以方便使用者在睡前和起床后短暂休息，再设置一组放置视听设备的地柜，就可以把卧室变成第二个视听区；巧妙的设计与多功能的家具配合，可以有效地将空间拓展。这些附加功能的逐渐增多，更要求卧室设计要精益求精（图 3-81）。

梳妆台是梳妆区的主体，除了供主人梳妆外，还用来收贮梳妆物品。在面积小的房间一块镜子，也可构成梳妆区，但镜子不宜正对着床的位置，由于生活节奏的加快，梳妆的一部分功能已转移到卫浴间中（图 3-82）。

卧室的色彩设计宜简洁、淡雅、宁静，色彩的明度宜低于客厅。对局部的原色搭配应慎重，稳重的色调较受欢迎，灯光照明以温馨和暖的黄色为基调，被罩、窗帘、靠垫等软装饰的色彩与质地是营造室内气氛的重要内容（图 3-83）。

卧室的照明设备可以根据各功能区域的需要与造型风格加以配置，如放一台能够灵活调整高度和亮度的台灯在床头，方便在床头读书，入睡前可调暗，夜晚开着，使夜间保留一个安静的光线。床头上方可以嵌筒灯和壁灯，或在装饰柜中嵌射灯，使室内更具丰富层次浪漫舒适的温情。为了满足功能照明的要求，宜采用两种方式：一种是室内安装多种灯具，分开关控制，根据需要确定开灯的范围；另一种是装设有电脑开关或调光器的灯具。

在卧室中，人的视觉除室内外的家具，主要集中于床头上部的墙壁空间上，床头背景墙是卧室设计中的重头戏。通过简洁的造型、色彩或丰富质感的材料设计，使床头背景墙错落有致并兼有一定的使用功能，再摆放一些个性化的饰物，用以烘托卧室气氛（图 3-84）。

卧室的地面一般以具备保暖性的木地板、地毯等材料为宜；墙面可用乳胶漆、墙纸或部分软包装饰，室内平顶宜简洁或设少量线脚。

卧室应保持通风良好，适当改进对原有建筑的不良通风，卧室的空调器送风口不宜布置在直对长时间睡眠的床铺位置。

不同类型的卧室空间有不同的设计要求。由于客房使用频率和时间较

图 3-83 地毯和床上的毯子颜色呼应。

图 3-84 床头背景以简洁为宜。

少，功能要求比较简单，多用途的家具是在其他空间搭建临时卧室的最好选择，比如利用沙发床在书房、客厅满足客人睡眠需要。儿童卧室、老人卧室要充分尊重使用者生理和心理的不同需要（详细内容见第四章第三节）。

卧室的窗帘、帷幔等布艺软装饰最容易引起人们心中的柔情，对营造舒适的睡眠环境具有举足轻重的作用。窗帘一般应设计成一纱一帘，使室内环境更富有情调，灵巧可爱的抱枕也会为卧室增色不少，恰当的饰品美化可以为卧室注入浓重的个人色彩与风格。

六 卫生间

卫生间是生活舒适和享受的终极表达方式，不只是给人们提供基本生活需求的空间，在紧张快节奏的工作之后，回到家里短暂的沐浴休息，洗去心中的烦恼与疲惫，放飞好心情，快乐的家庭生活感受洋溢在每一个角落。近年来，卫生间的设计越来越受到关注，这是人们重视提高生活品质的标志。卫生间的设计主要考虑盥洗、梳妆、沐浴和如厕四种主要功能，也可以增加洗衣、读书、视听等辅助功能（图 3-85）。

图 3-85 卫浴活动的实现过程。

● 卫生间的设计要点

注重干湿分离的空间设计。所谓干湿分离就是将沐浴空间与梳妆、如厕空间分开，可以空间面积、结构、通风和进光等环境条件，采用灵活多样的隔断形式，有效地防止水花外溅，保持地面干燥，如安装固定的玻璃推拉门等全封闭隔断，或者采用软帘、百叶窗等局部隔挡，隔离材料要进行防雾化处理，以不凝结水汽为佳。一体化淋浴房的出现有效地保持了洗浴空间的温度，又彻底解决了空间干湿分离的问题，高档的淋浴房还具有了很多附属功能，如按摩、蒸汽、音响等（图 3-86）。

地面的防滑是卫生间安全设计的重要方面。一方面，要采用在干湿两种情况下摩擦力较大的防滑地砖，增强站立时的稳定性；另一方面，防滑垫与地面接触的一面能够牢牢抓住湿滑的地面发挥作用；还要尽量选择底部有防滑颗粒的浴缸，并在浴缸前铺防滑垫，以保障出浴时不会因为地面过滑而摔倒，尽量做到万无一失（图 3-87）。

图3-86（左上）干湿分离的整体淋浴房普遍在现代居住空间中使用。

图3-87（右上）在卫生间大面积使用镜子可以方便卫浴活动，也可以扩大空间感。

图3-88 在主卧中透明的卫生间增加了伴侣间的亲密关系。

图3-89 卫生间里布置了植物，才是完整的空间。

保持卫生间良好的通风和采光。温湿的环境容易滋生细菌和引发用电的安全问题，尽量选择有窗户的卫生间，在洗浴中让空气流动，可以保证人体顺畅地呼吸，在出浴后最短的时间内让浴室重新回到干爽清洁的状态。可以通过利用建筑本身的通风结构使空气对流，也可以运用加装换气扇的人工排湿手段。卫生间的照明也有两种，天花板的吸顶灯、筒灯以及墙壁的壁灯可以作为空间的基本照明；在沐浴区顶面可以设置光线柔和的局部照明，对照度和光线角度要求也较高的梳妆区，可采用白炽灯或显色性能较好的高档光源放置在化妆镜的两边或顶部。

卫生间的用电设计要兼顾人性化和安全。开关、插座的位置要随手、方便使用，也要远离水源，插座最好加盖来降低漏电危险系数；采用较暗淡的灯光和布置节能省电的长明灯，避免开灯瞬间强光使眼睛产生炫目而站立不稳；室内线路要做密封防水和绝缘处理，尽量不要改动卫生间内已有的电路；电线的暗设和电器设备选用应符合电气规程有关安全的规定。

注重卫生间的防水设计。卫生间的地平面应向排水口倾斜，宜采用地砖、石材等具有防水、耐脏、防滑、易于清洁的材料；墙面用光洁素雅的瓷砖或可以防潮防霉的墙涂料；顶棚宜用各种扣板吊顶，有微孔的扣板虽然不易清洗，但可以加强通风和预防冷凝水；卫浴设备的质量和管道设计也同样重要，很小的疏忽也会导致"水漫金山"，使客厅、卧室等其他空间惨遭"横祸"，甚至造成邻里之间不必要的矛盾和摩擦。

细节的人性化设计对卫生间非常重要。安装扶手和座椅，可以最大限度地保证老年人及行动不便人士的安全；浴室的门向内开启，在紧急情况发生时，便于外部救援进入；为儿童配备专用的儿童坐便器，可以提高安全指数，还有助于培养儿童良好的卫生习惯和独立意识；同时布置小便器和坐便器，可以提高卫生间的卫生状况；加装暖气、暖风机或浴霸，可以自由提高浴室温度，让洗浴过程从容畅快；冷热水龙头可满足不同温度下人们的使用；为了使用的过程安全，减少普通玻璃等易碎物品；洗浴用品要分类合理放置等等。

生活观念和方式的改变丰富了卫生间的功能。一部分梳妆行为已经转移到卫生间的盥洗区；桑拿房、躺椅、书柜、视听设备等都出现在卫浴空间，这些都极大地增加了卫生间的舒适性。

为满足不同的个性要求，卫浴功能可以分拆，如沐浴、如厕和梳妆相对独立；也可以和卧室有机结合，给使用者带来使用的方便和心情的愉悦（图3-88）。

卫浴洁具要从造型、色彩、材料等各方面整体协调选用（图3-89、90）。

七 书房

随着电脑操作在工作学习中的普及和生活品位的提高，越来越多的人开始重视书房设计，在空间环境允许的情况下，都会专门划分出书房区域。书房需要一种"静、明、雅、序"的工作学习环境，是张扬个性和富有浓厚生活气息的办公室，让人在轻松自如的气氛中，更投入地工作学习和休息。它的基本功能有读书、写字、操作电脑和储藏，也可以增加休息、视听娱乐等功能，主要的家具有书桌、电脑桌、书柜、座椅等（图3-91）。

●书房的设计要点

书桌是书房空间的重心，它的摆放方式在很大程度上决定了书房的功能和区域划分，书柜和书桌可平行陈设，也可垂直摆放，或者与书柜结合为一体，形成一个读书、写字的区域（图3-92）。

安静对于书房来讲是十分必要的，人在安静的环境中工作效率要比在嘈杂的环境中高得多，所以要选用隔音吸音效果好的装饰材料：地面可采用地毯；墙壁可采用PVC吸音板、板材或软包装饰布等；窗帘要选择较厚的材料；天棚可采用吸音石膏板吊顶，以阻隔窗外的噪音和取得"静"的空间环境效果。

图3-90 如果卫生间使用了马赛克材料，为了避免出现凌乱感，要尽量避免同时使用太多的其他材料。大面积使用马赛克和局部使用无彩色是个不错的搭配。

图3-91（左下）"静、明、雅、序"的工作学习环境。

图3-92（右下）高耸的空间容易让人产生向上的感觉，有利于集中注意力，激发出兴奋、崇高和激昂的情绪。

人眼不能在过于强和弱的光线中读书、写字，因此书房对于照明和采光的要求很高，光线最好从左肩上端照射，书桌放在阳光充足而不直射的窗边，可以在休息时远眺较靓丽一侧的外景。除了天花板中央的主光源外，应该在书桌前方放置亮度较高又不刺眼的台灯，作为局部照明。窗帘的材料通常选用既能遮光，又具通透感的浅色纱帘比较合适，高级柔和的百叶帘效果更佳，强烈的日照通过窗幔折射会变得温暖舒适。

作为一个修身养性的地方，只有清新淡雅又不乏个性的高品位空间，才适宜人们长时间的工作学习。家具在书房中占有很大的空间比重，尤其是沿墙的整体书柜设计风格，在很大程度上影响着整体环境的氛围，富有情趣的摆设品也能为书房增添几分意境（图3-93）。

安静、明亮、雅致的书房固然重要，井然有序的空间环境也必不可少。根据常看、不常看、收藏的不同使用频率，分门别类有秩序地存放在书写区、查阅区、储藏区，有利于提高工作学习效率（图3-94）。

书房需要保持良好的通风。由于抽烟行为和电脑等机器设备常令空气变得污浊不堪，如果房间内空气对流不顺畅的话，机器不能很好地散热，身体健康受到影响。风速的标准可控制在每秒1米左右，安装排气扇是实属无奈之举，摆放绿色植物，也可以洁净空气。

书房的色彩一般不适宜过于耀目和昏暗，虽然淡绿、浅蓝、米白等浅色系的柔和典雅色调的色彩较为适合，但是小部分鲜艳的色彩也容易引发创意灵感，体现主人的个性和内涵（图3-95）。

现代生活方式影响着书房设计。网络的信息量很大，使得人们减少了藏书，而保留更多的宝贵空间给自己，听音乐、品茗会客，甚至可以放张沙发床招待来访的客人（图3-96、97）。

图3-93（左下）鲜艳的颜色也可以出现在书房空间。

图3-94（中下）储藏功能对于书房非常重要。

图3-95（右下）书房的设计要力求简洁，富有情趣的竹刻书法等装饰品能为书房增添几分意境。

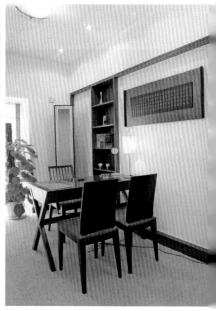

八 储藏室

在大面积的居住空间条件下，独立的储藏室往往布置在不便用作其他用途的区域，用来储藏体积较大和使用频率较少等不便放置在橱柜中的物品。由于大多数的客厅、餐厅、厨房和卧室等其他空间内都设置可以兼作储藏使用的各种家具，况且现代居住空间面积都比较小，这使得人们往往不再设置独立的储藏室（图3-98、99）。

以储藏室的实用性为主要原则，重视储藏操作的可及性与灵活性、物品的可见度和空间封闭性，将物品分类储藏：大尺寸物品及大箱包、衣物寝具、书籍、厨房用具等（图3-100）。

图 3-98（左上）装饰柜可以储藏大量物品。
图 3-99、100 储藏室。

图 3-101 阳台设计应遵循实用、宽敞、美观的原则。

图 3-102 把阳台设计成榻榻米空间。

九 阳台

阳台是人们呼吸新鲜空气、接受光照、体进行育锻炼、种植花卉、观赏景色、纳凉、洗晒衣物等活动的场所，一般建筑结构有悬挑式、嵌入式、转角式三种。阳台的面积通常为 4—10 平方米，按照实用、宽敞、美观的原则，设计成开放式和封闭式的书房、健身房、休闲区或养花种草空间（图 3-101、102）。

●阳台的设计要点

阳台与房间地面铺设一致可起到扩大空间的效果，恰当地延伸和连接室内外空间。集合式公寓的阳台不能随意改变，尽量保持其统一的外观。

设计阳台要注意防水处理。排水系统尤其是水池的排水系统的设置非常重要，水池的大小合适，下水要顺畅；门窗的密封性和稳固性要好，防水框向外；还有阳台地面的防水，要确保地面有坡度，低的一边为排水口，阳台和客厅要有至少 1cm 的高度差。

阳台的设计受限制于建筑结构。阳台与居室之间的墙体属于承重墙体，在建筑的受力结构承受之内，才可拆除；阳台底板的承载力每平方米为 200—250 千克，要合理放置物品，如果重量超过了设计承载能力，就会降低阳台的安全系数。

重视阳台的通风和采光设计。吊顶有葡萄架吊顶、彩绘玻璃吊顶、装饰假梁等多种做法，但不能影响阳台的通风和采光，过低的吊顶会产生空间压迫感。

花卉盆景要合理安排，既要使各种花卉盆景都能充分吸收到阳光，又要便于浇水，常用的四种种植方法有自然式、镶嵌式、垂挂式和阶梯式。

对于有两个甚至两个以上阳台的住宅，在设计中必须分出主次，与客厅、主卧相邻的阳台是主阳台，功能以休闲为主，次阳台的功用主要是储物、晾衣等（图 3-103）。

图 3-103 主阳台可以休闲为主。

十 通道

通道主要起着划分和连接不同空间的作用，在空间学中被称为媒介空间，可以兼作读书、就餐、交谈等其他功能，但是它的设计常常被人们所忽视。通道的设计要尽量避免狭长感和沉闷感，应美化环境，突出其他空间的功能（图3-104、105）。

楼梯是通道空间设计中重要而特殊的部分，从形式上大致可以分为直梯、弧形梯和螺旋梯三种，根据住宅规范的规定，房间内楼梯的净宽当一边临空时不应小于75cm；当两侧有墙时，不应小于90cm。这一规定就是搬运家具和日常物品上下楼梯的合理宽度。此外，套内楼梯的踏步宽度不应小于22cm，高度不应大于20cm，扇形踏步转角距扶手边25cm处，宽度不应小于22cm（图3-106）。

●通道的设计要点

通道常用的设计手法有很多，比如多种类型的隔断空间、悬挂字画、营造局部趣味中心小景点、墙面采用不同材料质地，等等（图3-107）。

利用地面的不同材料或图案，可以划分和美化通道空间，但主要设计反映在墙面和天花板上，这也正是尽可能"占天不占地"的通道设计原则（图3-108、109）。

通道空间可以根据使用频率与客厅、餐厅等空间结合使用，缓解狭小空间的压抑感（图3-110）。

要根据家庭成员之间的不同身体状况来选择楼梯。老人和儿童最需要被照顾，坡度小、宽踏板、矮梯级和螺旋不强烈的楼梯对他们帮助更大，在上下楼的时候心里才会感到踏实。

楼梯按材质分有木楼梯、混凝土楼梯、金属楼梯等，它们的施工方法和性能也不相同。木楼梯款式多样，制作方便，耐用性稍差，走动时容易发出声响；混凝土楼梯具有安静、坚固耐用和安全性好的特点，缺点是浇筑工序复杂，工期长，重量大；金属楼梯结构轻便，造型美观，施工方便，但是造价较高（图3-111、112）。

图3-104 通道照明。

图3-105 狭长的通道空间可以在天花板、背景墙上发生一些变化。

图3-106（右下）通道对于大体量空间的设计极其重要。
图3-107（左下）天花板的曲线光槽减少了通道的压抑感，并使得空间灵动起来。

图 3-108（左上）不规则的天花板分隔让空间不再显得单调。

图 3-109（中上）"占天不占地"是重要的通道设计原则。

图 3-110（右上）合理的通道规划可以最大限度地利用空间。

图 3-111（左上）楼梯设计是通道空间设计的重要内容。

图 3-112（右上）楼梯设计。

　　楼梯设计要注意一些细节的处理：避免上下楼时上方结构梁会碰头，楼梯底部空间的利用和美化，噪声要小，尽量使用环保材料，消除锐角，等等。

思考与练习

1. 通常情况下，客厅具有哪些使用功能？

2. 主卧室和次卧室有什么区别？

3. 整体厨具有什么优势？

CHAPTER 4
居住空间设计的特殊因素

第四章
居住空间设计的特殊因素

第一节 不同类型的居住空间设计

现代社会急速发展，单一的居住空间类型不可能满足各种现实需求，加上不同的经济状况和客观环境条件的限制，居住空间呈多元化发展趋势。在现代众多的居住空间中，从建筑的角度可以把居住空间分为独立式住宅、集合式住宅和宿舍式住宅三类，下面让我们来讨论一下它们的不同特征。

一 独立式住宅

独立式住宅以单体式、联体式为主，是农村主要的居住建筑形式，在房地产开发中称为别墅，它的特点是可使用的空间面积大、高度高，拥有单独的庭院，自然环境和空间私密性较好（图4-1）。

图4-1 独立式住宅的自然环境较好，空间变化多样。

1. 新农村独立式住宅

传统的农村以农业生产方式为主，与城市生活方式存在较大的差异，社交、就餐、卫浴、储藏、娱乐等使用功能和能源利用方式也因地域的不同，对空间需求都不尽相同。随着国家提出建设新农村的发展口号，农村居住空间设计引起越来越多富有社会责任感的设计师的关注，引导健康、卫生、合理和高质量的农民居住生活方式显得非常重要。

传统的农村住宅需要满足喂养家畜、手工制作、储藏农耕用具与收成等农业生产方式决定的居住空间，社交、就餐、睡眠、娱乐、储藏居住环境的空间划分不明显。新农村建设会改变传统农业粗放式的经济增长方式，农业机械化的大规模推广和林牧副渔的发展，替代了每家每户用牲口耕作的生产方式；沼气、太阳能和天然气等新能源的使用将改变柴草燃烧带来的污染和不卫生环境；新农村精神文明建设既要消除不健康、落后的观念和生活方式，又要保留积极向上的地方传统文化等。这些新情况使得居住空间设计应将生产和居住明确划分在不同的区域空间，注重个人私密空间和公众活动空间的区分，提高空间环境的舒适性和艺术格调等。

2. 别墅住宅

别墅一词在英语中为 villa，是指"在郊区或风景区建造的供休养用的园林住宅"（见《现代汉语词典》第 3 版 86 页），它最大的特点是将自然环境景观和室内居住空间完美地结合在一起。我们常说的别墅，作为一种房地产开发类型，其拥有独立的建筑和庭院，而成为目前房地产市场中价位最高的产品，实际上，在国外被作为成片开发的 house。

家人 + 庭院 = 家庭，庭院既是家庭的公共活动场所，又是室内空间与自然环境的过渡地带。西式别墅和中式别墅的庭院与建筑关系不一样，前者是庭院包建筑，中式住宅是住宅包庭院。居住别墅住宅的人们是为了提高自己的居住生活质量，空间环境的自然和艺术氛围更为重要（图4-2、3）。

图 4-2 在拥有中庭的多层别墅空间中，必须把不同的楼层作为整体来考虑。

图 4-3 别墅要重视顶层的阁楼设计。

图 4-4 "口"式沙发布置。

二 集合式公寓住宅

随着城市发展和人口的膨胀增长，低容积率的独立式住宅渐渐减少，绝大多数人的居住场所"有家无庭"，高层集合式公寓住宅越来越多。公寓住宅地理位置一般较接近市区中心，交通位置与市政条件不错，有单层式、错层式和跃层单元式三种类型，由于空间较小，空间私密性较差，对空间内部的规划要求较高。

本书第三章内容主要讨论的就是集合式公寓住宅（图 4-4、5）。

图 4-5 电视机移到客厅角落，红砖砌的壁炉成为客厅的重心，典型的欧美式客厅设计，由于生活方式不同，这在国内的居住空间设计中比较少见。

三 宿舍住宅

宿舍住宅是指机关、学校、企事业单位的单身职工、学生居住的房屋，具有空间小、利用率高、功能少、更新时间短的特点，家具在空间中占有主要地位，它们的摆放决定了空间的划分和环境的装饰。

思考与练习
别墅住宅和公寓住宅有什么不同？

第二节 居住空间设计的发展趋势

现代社会和科学技术的发展，使得人们的生活方式和需求出现新情况、新问题，居住空间设计的发展呈现许多趋势，我们可以从功能化、人性化、科学化和技术化四个基本方向，通过细致的分析把握设计的发展趋势。

一 功能化

20 世纪初，一批具有社会民主思想的设计师提出现代设计的核心"设计是为大众"，即解决问题、满足大众基本生活需要，倡导功能是现代设计的主要内容。现代人的生活内容已变得极为丰富，这使得人们在有限的空间里，通过合理、多样的功能设计和自动化的电器设备来满足人们的功能需求增加了。

人们的生活方式直接决定了室内空间环境的使用功能，而现代人的居住空间面积又大大少于从前，交谈、就餐、阅读、睡眠、洗浴、娱乐、健身、储藏……这些功能如何实现成为设计师和使用者注意的焦点。

人体工程学和环境心理学是设计的基础理论学科，它们的研究成果为空间和家具的使用功能合理性提供了必要的依据。许多室内空间和家具不再仅仅具有单一的使用价值，例如，在客厅可以就餐、阅读、睡眠、娱乐；通道兼作餐厅、厨房；卧室可以写字、娱乐、健身；书柜和折叠书桌结合，床具有收藏功能，以及可折叠的沙发床（图 4-6、7）。

二 人性化

1. 崇尚个性风格

信息化和全球化像巨大的旋涡，在享受其带来丰富社会生活的同时，也带来自我独立完整性的消失，这在很大程度上影响了人们的幸福感。经济全

图 4-6 欧美式的客厅大多和餐厅设计在同一空间，使用上强调就餐者的独立性。

图 4-7 数量极少的家具，功能较单调。

图 4-8 个性化空间设计不仅在于造型的多样化，色彩、材质和软装饰物的选择也对空间环境影响很大。

球化形成巨大的生产和市场规模，也使得激烈的国际间经济竞争从低层次的产品生产、销售成本转向高层次的科技、设计特色，塑造个性化的物质和精神生活成为社会的普遍共识。设计师设计能力、理念和使用者需求的个体差异正是个性风格的现实基础，不同文化、艺术、地域、民族和个人特色的居住空间环境设计获得越来越多的青睐。

工业化生产给社会留下了千篇一律的楼房、房间、室内设备，还有人们相同的生活模式，这些同一化的居住环境给设计带来许多困难。个性化的居住空间设计应该充分考虑使用者的兴趣爱好、职业、年龄、生活方式因素，合理利用材料、家具、陈设、绿化和设备等物质，创造不同形态和内涵的居住环境。设计是"戴着枷锁在跳舞"的职业，正是因为有这么多的限制因素，设计的创意显得如此弥足珍贵（图 4-8）。

2. 注重文化和艺术内涵

在改革开放初期，欧式的建筑和室内设计风格曾经风靡中华大地，不可否认，在长期的闭关锁国和文化清洗后，国人的文化是那么的匮乏，具有强烈文化内涵的建筑和室内样式很容易就吸引了大部分的目光。在经过大规模、长时间的粗糙形式模仿后，人们的追求从形式转向内在的文化和艺术内涵，传统的文化和艺术思想迫切需要在形式上得以展现。

从设计的角度看，恰当地表达文化内涵需要设计师具有认同历史和文化的心态，并具有一定的认识深度和娴熟的形式把握能力。正如个人设计风格的形成需要设计师长时间的经验积累，民族文化的设计风格也是长时间发展的结果，而不是简单的形式象征符号的堆砌。

随着经济的持续发展，国内的中产阶层大规模出现，这一群体在基本的物质生活功能得到满足后，开始寻求从物质中解放出来，形成室内整体各种因素之间关系的美感，努力提高生活中高品质的艺术氛围，甚至促使生活空

间环境日趋艺术化（图4-9）。

　　人们在现代城市的紧张快节奏生活中越来越向往大自然的田园生活，在有限的居住空间里，如何最大限度地满足人们回归自然的心理需求是设计师重要的研究课题。室内空间景观设计的发展正体现了设计艺术化和回归自然的趋势，这也对室内设计师提出了更高层次的要求（图4-10）。

3. 无障碍设计

　　具体内容在第三节详细讲解。

图4-9 艳丽色彩的运用体现了人们对空间艺术化效果的追求。

图4-10 艺术化和回归自然的设计理念集中体现在室内自然景观的设计中。

三 科学化

1. 经济意识

　　经济意识是理性的成本意识，是"用较少的人力、物力、时间获得较大的成果"（见《现代汉语词典》第3版664页）。它不仅指钱财、人力、时间的投入，还包括色彩、造型和空间等一切空间因素的运用，"少就是多"的简洁设计理念，就是经济意识的最好体现。

　　盲目、不计成本的居住空间设计不能为人们带来真正的生活乐趣，而是徒增了过多的烦恼。在很多情况下，居住空间环境可以通过合理设计，节约空间建设的成本，例如：水曲柳上色可以逼真地模仿柚木纹效果；色彩的合理运用容易吸引人注意，又比木制造型成本低（图4-11）；直线造型比曲线造型制作方便，等等。

2. 可持续发展

　　居住空间环境的可持续发展包括环境保护和空间可持续变化两方面：

　　随着对环境的深入认识，人们意识到环境保护并非只是使用无毒、无污染的装修材料那么简单，使用节能绿色电器设备和可循环利用的材料、减少浪费不可再生资源、再利用旧建筑空间等都降低了对自身生存环境的破坏。同时，也对提高下一代的环保意识起到了促进作用。结构良好的建筑可以使用几十年，而居住空间内部环境的使用时间较短，更新频率快。家具、陈设和绿化的组合远比墙体更容易灵活地划分空间，可持续变化的空间能够引导使用者积极参与设计，令居室具有更持久的生命力（图4-12）。

图4-11 恰当的色彩运用可以节省室内空间成本。

图4-12 可随意改变的空间为使用者在使用中积极参与设计提供了良好的空间基础。

图 4-13 没有繁琐的造型，大尺度的家具和装饰品显得空间气势磅礴。

四 技术化

1. 规范生产

大规模工业化的社会生产创造了丰富的物质文明，从建筑空间、墙体到室内装修材料、家具、设备和饰物都有一定的生产标准，这加速了室内空间环境呈模块化、规范化的发展趋势。

现代设计是社会经济活动的重要环节，将高效率、低成本的工业化生产原则引入到设计领域，使得设计工作的分工协作更为明确。方案设计、效果图制作、施工图制作、施工协调等不同工种之间加强协调和配套，这也要求设计师具有更高的专业能力和团队协作精神（图 4-13）。

2. 科技运用

"科技是第一生产力"，随着社会的发展，新技术从发明到实践运用的周期越来越短。节能、环保、自动、智能这些生活理念与其结合后，新材料、新电器设备、新施工技术的不断出现，使得居住空间环境的科技含量大为增加，并延伸了空间环境各方面的功能，满足了人们越来越高和复杂多样的需求。

智能化是高度的自动化，家居空间智能化是把各种材料、设备等要素进行综合优化，使其发挥多功能、高效益和高舒适的居住运营模式。智能化布线可以提供网络、电话、电视和音频的即插即用，避免重复投资；先进的保安监视系统可以随时监视室内空间环境，并在火灾、煤气泄漏及被盗时，可以自动报警；自动控制系统可远程用网络自动控制照明、冰箱、空调等家电设备。

思考与练习

1. 如何才能实现居住空间功能的合理化？

2. 居住空间的可持续发展主要体现在哪些方面？

第三节 居住空间设计对特殊人群的关注

居住空间环境的无障碍设计最极致地体现了人性化的设计理念，是一项保障儿童、老年人和残疾人日常工作、学习和生活权益，方便他们日常出行的社会公益活动，是随着我国残疾人事业、老龄事业等各项社会事业的发展进程，而引入到居住空间环境建设中的新内容，其重要性已经被越来越多的人所认识并接受（图4-14）。

在正常的成长过程中，每个人都可能经历身体受到伤害、患病等特殊时期，在这些时间里，我们会体验到不同年龄群对空间的特殊要求和残疾人士由于身体缺陷所带来的生活不便。具有社会责任感的设计师，应该特别考虑儿童、老人和各年龄段的残疾人士这些特殊人群的需要。

图4-14 没有必要的客厅地面抬高对特殊人群的行走造成障碍。

一 儿童

每个年龄段的孩子都具有不同的生理特征和心理需求，生理发育的不成熟使他们的身高、力量和协调能力不够，而且对环境缺乏经验和认识。在居住空间环境设计中，安全对于儿童最重要，此外还需要能够鼓励、有美感、能促进其自我实现的环境（图4-15）。

1. 安全

为了儿童的安全，设计师应该从居住空间的细节着手，采取各种措施做到防患于未然。高度低和不常用的插座应放置安全罩；尖锐的器具或化学品、清洁剂、药品等有毒有害的物品应该采用安全挂钩或安全锁，以防儿童接触到；尽量减少或不用大面积玻璃做装饰，防止儿童因碰碎玻璃而受到伤害；家具的处理应尽量设计成圆角，以免碰伤儿童而压伤儿童；较高的儿童家具必须固定在墙面上，以防止倾倒；在卫浴空间中，最好为儿童洗浴选择有恒温按钮的花洒，避免烫伤孩子；并为他们安装专用的卫生洁具，这不仅能提高安全指数，还有助于培养孩子良好的卫生习惯和独立意识。

2. 儿童房

儿童房一般由睡眠区、储藏区和娱乐区组成，对于学龄期儿童还要设计学习区。儿童房的睡眠区可设计成日本式，榻榻米加席梦思床垫，既安全又舒适；用色可以采用对比强烈、鲜艳的颜色，满足儿童的好奇心与想象力；游乐区需要很多储藏空间，以放置玩具。

图4-15 符合儿童心理的造型和色彩才容易被其接受。

对8岁以下的孩子而言，玩耍的地方是生活中不可或缺的部分，孩子总爱在地上打滚，地板柔软度不够容易损伤身体，儿童房的地面一般采用地板或地毯，还有具弹性的橡胶地面；墙面可以设计软包以免碰磕，儿童墙纸或墙布可以体现童趣，采用防水漆和塑料板可便于清洗。

二 老年人

根据2000年我国人口普查结果，我国60岁及其以上人口数量已超过人口总数的10%，到2020年我国60岁及其以上人口数量预测将达到人口总数的15%以上。按照联合国的标准，我国已进入了老龄社会。人在进入暮年以后，从心理到生理上均会发生许多变化，居住空间设计应如何适应老年人的这些变化，已成为我们所面临的、迫切需要考虑的问题。

1. 安静

随着年龄的增长，老年人的体质下降和感官受损会使他们遇到许多困难，因此大多数的老年人会选择减少外出，大部分的时间都留在家里。安静的空间环境对于老年人非常重要，隔音效果好的门窗、墙壁是防止噪音的最基本要求；排气扇、抽油烟机等电器设备的性能和安装方式也会影响空间环境的噪音产生。

2. 安全

从建筑构造的角度出发，应注意玄关、厨房及卫生间的面积和门的宽度要适当增大，以便老年人的安全使用；厨房内洗涤及灶台和卫生间洗面台下应凹进，使得老年人可坐下将腿伸入操作；由于老年人的腿脚一般不灵活，为了避免磕碰，那些方正见棱见角的家具应越少越好；床铺高低要适当，方便老人上下；家具的结构应合理，不至于在取高度低的日用品时，稍有不慎就扭伤、摔伤；家具布置要充分满足老年人起卧方便；装饰物品宜少不宜杂；沐浴时，坐姿比站立更安全，带有座椅及扶手的浴室是不错的选择；地面材料应注意防滑和平整，采用统一的木质或塑胶材料为佳；局部地毯边缘翘起会对老年人行走和轮椅造成干扰。应避免使用有强烈凹凸花纹的地面材料，以免引起老年人产生视觉上的错觉。

老年人对于照明度的要求比年轻人要高 2～3 倍，因此，室内不仅应设置一般照明，还应注意设置局部照明。室内墙转弯、高差变化、易于滑倒等处应保证一定的光照，厨房操作台和水池上方、卫生间化妆镜和盥洗池上方等是不容忽略的地方。卧室可设低照度长明灯，以保证老年人起夜时的安全，光线夜灯避免直射老年人卧躺时的眼部。

3. 生活习惯

由于每个人的成长环境和经历的差异，老年人的兴趣爱好和生活习惯都不尽相同，有的老年人喜欢养鸟和种植花卉，有的老年人喜欢下棋和会友。几声清脆的鸟鸣，可增添生活的乐趣，在花前摆放一躺椅、安乐椅或藤椅，可以为下棋和聊天提供怡人的休闲环境。尊重老年人的生活习惯，才能创造一个适合老年人身心健康、亲切、舒适和幽雅的空间环境。

三 残疾人

残疾人在总人口中所占的比重更大，这其中包括一些儿童和老年人，重视并提供残疾人良好的无障碍生活环境是文明社会的重要标志。虽然残疾人身体残疾的部位和轻重不尽相同，但许多被普遍接受的、标准的空间环境都会对残疾人造成障碍，而有的障碍在最初设计时是可以避免的。

坐轮椅者使用的厨房形状以开敞式为佳；使用 U 形和 L 形橱柜，便于轮椅转弯，行径距离短，使用走廊式厨具时，两列间的距离应保证轮椅的旋转空间；厨具设计应注意操作台的连续性，以便其在台面上滑动推移锅碗等炊具和餐具进行操作时，既减少危险又方便可行。为了方便坐轮椅者靠近台面操作，橱柜台面下方应部分留空（如水池下部）。特别是地柜距地 25 ～ 30cm 处应凹进，以便坐轮椅者脚部插入（图 4-16、17、18、19、20、21、22、23）。

墙面不要选择过于粗糙或坚硬的材料，阳角部位最好处理成圆角或用弹性材料做护角，避免对残疾人身体的磕碰。白内障患者往往对黄和蓝绿色系色彩不敏感，容易把青色与黑色、黄色与白色混淆，因此，室内色彩处理时应加以注意。

思考与练习

1. 关注特殊人群的居住空间设计有何必要？
2. 儿童和老人对居住空间有什么特殊需求？

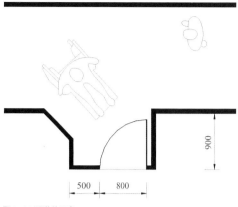

图 4-16 通道的凹室。

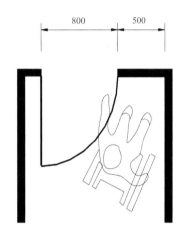

图 4-17 门把手一侧墙面宽度。

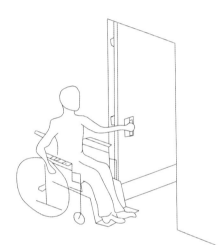

图 4-18 关门拉手。

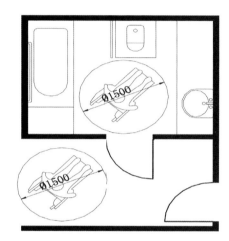

图 4-19 无障碍活动空间。

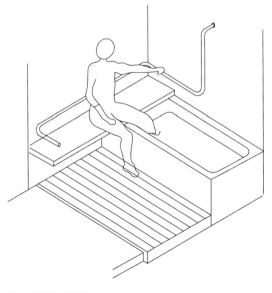

图 4-20 残疾人洗浴间。

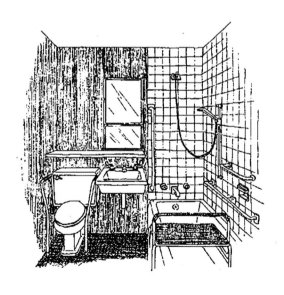

图 4-21 无障碍卫生间。

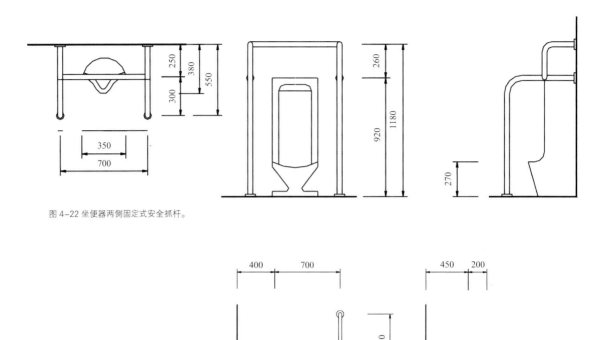

图 4-22 坐便器两侧固定式安全抓杆。

图 4-23 落地式小便器安全抓杆。

第四节 旧建筑空间的居住再利用

按照国家强制标准规定的合理使用年限，普通建筑的使用年限是 50 年，而统计结果显示：我国建筑平均寿命不到 30 年，而欧洲建筑的平均生命周期则超过 80 年。伴随着人口的恶性膨胀和社会生产的工业化进程加快，唯新是好、大拆大建的幼稚行为肆无忌惮地向自然展开掠夺式的索取，由此造成的环境污染、资源匮乏和生态失衡让人类处于一个尴尬的境地。钢筋水泥新建筑如雨后春笋般出现，使得作为"历史信息"载体的旧建筑及其地段逐渐从人们的视线里消失，熟悉的乡镇和城市面貌只留在了我们的历史回忆中。目前，我国每年老旧建筑拆除率占新建筑面积的 40% 左右。20 世纪 60 年代以来，为了实现人类的可持续发展，众多国家开始重视城市发展中对旧建筑的更新和再利用。

当然，并不是所有的旧建筑都有必要进行更新设计和再利用，只有那些具有良好的建筑结构状况、建筑空间特征或历史文化价值的旧建筑空间，才具有更新设计和再利用的使用价值。通过改变和置换旧建筑的使用功能，创造适合人类居住的空间环境，是旧建筑空间更新设计和再利用的重要内容（图4-24）。

一 旧建筑空间的改扩建

影响旧建筑空间再利用的因素有很多，就建筑本身而言，最常见的问题是建筑的结构承重或有效使用面积不够，对旧建筑进行改建或扩建的更新就成为空间再利用的第一步。在国家建设部推广的应用使用技术中，就有一些这方面的新技术，如"抗震低层楼房加层结构"，就是在原建筑物上继续使用的情况下，可将原建筑物加层以扩大建筑使用面积。

由于旧建筑的结构复杂，在进行室内空间规划时，通过研究其承重结构特点，保留承重结构或新建承重构件可以满足使用要求。楼梯、门窗、通道、房间划分都会影响居住再利用的平面规划。生产车间、仓库、宿舍、商场、办公室等不同用途的旧建筑空间在实现居住再利用时，除了受建筑结构影响比较大外，在居住空间的电器设备、给排水、供暖、换气、室内空间划分和外观统一及生活习惯等方面也经常存在矛盾和冲突。

图4-24 旧建筑的改建。

二 新旧协调

尊重旧建筑的历史文化信息，是其更新设计和再利用的前提，保留原有的空间形态及体量不是为了标榜设计理念，而是人们对历史信息发自内心地喜爱，在审美意识上引起了心理共鸣。在卫生、美观的前提下，旧建筑材料的造型和表面肌理可以很好地体现旧建筑的历史文化内涵。

旧建筑的更新设计中，从材料、色彩、造型和设备等方面的新形式都可以附和旧形式，并延伸和突出旧形式的内涵，也可以通过新旧形式对比的处理方式，达到"旧如旧，新如新"的调和效果（图4-25）。

思考与练习

1. 谈谈旧建筑更新设计的必要性。

2. 如何实现旧建筑空间更新设计中的新旧形式协调？

图 4-25 新旧结合的空间设计。

CHAPTER 5

家具和配饰

第五章
家具和配饰

第一节 家具

在人们的日常生活中，家具是开展各种生产和生活活动必不可少的物质器皿，它随着社会的发展而不断进步，反映了不同时代的生产力和生活水平。家具除了具有实用功能外，还集科技、文化和艺术于一体，和绘画建筑、雕塑等艺术的形式与风格的发展同步，成为一种具有丰富内涵的物质形态，是人类物质和精神创造成果的重要组成部分（图5-1、2、3）。

图5-1（左）普瑞玛钢管椅。
图5-2（中）艾伦椅。
图5-3（右）中国传统明式家具。

一 家具与生活方式

不同的个人、群体、民族和国家都有不同的生活方式。生活方式的产生、形成和发展除了受生产方式的制约外，还要受到自然环境、政治体制、经济水平、科学技术、历史传统文化、社会心理等多种条件的影响。在人们生活中占主导地位的生活方式的基本特点，反映了该国家或地域在该历史时期的社会发展状态（图5-4）。

家具是人们生活方式的缩影，具有丰富而深刻的社会性。作为社会物质产品和重要的文化形态，家具直接为人类社会的工作、学习、社交和娱乐等活动服务，反映了人类的生活方式，并以自身的功能与形式影响和创造着人类的情感交流与生活方式，是继承过去、表现今日、规划未来的物质表现形态（图5-5、6）。

图 5-4 在人们生活中占主导地位的生活方式的基本特点，反映了该国家或地域在该历史时期社会发展的状态。

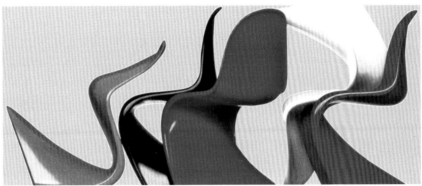

随着科学技术的发展，新材料、新工艺和新设备等高科技产品广泛地进入家庭生活，人们的生活品质得到极大提升，衣、食、住、行、玩都有了新的需求和发展，生活与工作方式也发生了许多新的变化。智能化与信息化就是室内家具设计的新发展趋势，多样化的人机界面，创造出人与人、人与环境之间的新型沟通形式，丰富和激起人们的想象，并增进自我完善的能力。例如，现代橱柜家具与灶具、油烟机、烤箱、微波炉、消毒碗柜等家电、照明电路、给排水管道进行的系列化综合设计，实现了工业化时代的标准化、部件化生产。在橱柜中安装数字化的电脑网络终端设备与社区的购物中心连接，家庭主妇可以随时实现网上购物，遥控开启厨房操作，使厨房家具提升为智能化与数字化。家庭卫浴家具和新科技结合，形成一体化、标准部件化的生产，还兼有水力治疗、视听和按摩等功能。这些细微而重要的变化已经将传统的家庭生活必需变成安全、保健、舒适、有趣的家庭生活享受。

图 5-5（右上）"S"形堆叠式椅。设计师：沃纳潘顿 制造：Hosrn GmbH 公司 1968 年，第一张单体模压玻璃纤维椅的实例。

图 5-6（左上）可调节办公椅。设计：库卡波罗 制造：阿旺特公司。

二 家具的分类

随着社会的发展，人类创造出各种类型的家具，尤其是发展到现代社会，由于使用功能和场合的日益多样化，许多新类型的家具最大限度地满足了现代人的生产和生活需要，创造出更合理和舒适的生活方式。由于家具使用功能、材料、制作等方面的融合，很难进行纯粹的对立分类，下面我们从多种角度对家具进行分类，并对按基本使用功能分类的家具进行重点研究，以便对家具系统形成一个较为完整的概念。

家具按照制作材料可分为木制家具、藤竹家具、石材家具、金属家具、塑料家具和纺织家具等；按构造类型可分为框式家具、板式家具、注塑家具

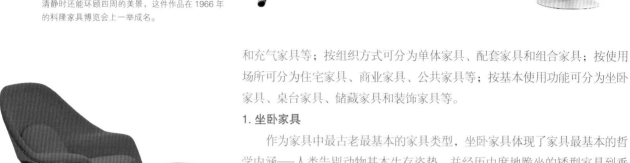

图 5-7（左）设计师：A·卡斯狄里奥内、P·G·卡斯狄里奥内，1957 年。

图 5-8（右）球椅通体采用玻璃纤维制成，是 20 世纪家具设计中极富代表性的作品。不仅在外观上独具个性，而且塑造了一种舒适、安静的气氛。使用者会在里面觉得无比的放松，避开了外界的喧嚣。同时，椅子底部可以转动，使用者在享用清静时还能环顾四周的美景，这件作品在 1966 年的科隆家具博览会上一举成名。

图 5-9 设计师：埃罗·沙里宁。

和充气家具等；按组织方式可分为单体家具、配套家具和组合家具；按使用场所可分为住宅家具、商业家具、公共家具等；按基本使用功能可分为坐卧家具、桌台家具、储藏家具和装饰家具等。

1. 坐卧家具

作为家具中最古老最基本的家具类型，坐卧家具体现了家具最基本的哲学内涵——人类告别动物基本生存姿势，并经历由席地跪坐的矮型家具到垂足而坐的高型家具的发展演变过程。坐卧家具是使用时间最长和接触人体最多的基本家具类型，还可分为椅凳、沙发、床榻三类。

椅凳家具的品种最多，有马扎凳、长条凳、板凳、墩凳、靠背椅、扶手椅、躺椅、折椅、圈椅等（图 5-7、8、9）。它的演变反映出社会需求与生活方式的变化，浓缩了家具设计的历史。

沙发家具发明于 18 世纪法国皇宫，是西方家具史上坐卧家具演变发展的重要家具类型，现在普及全世界，成为起居室的主要坐卧家具。现代沙发设计日益变得更加舒适，尤其是现代沙发的设计把人的坐、躺、卧的不同生活方式进行整合，丰富了沙发的功能多样性（图 5-10、11）。

床榻家具的基本功能是提供人体睡眠休息，跟人类关系极为密切。除了传统的木床、双层床外，各种席梦思软垫床、水床、按摩床等科技含量较高的现代化床榻家具日益增多，而这些家具的意义也不仅是满足睡眠休息使用，还提供给人们享受悠闲、舒适、美好生活的态度和方式（图 5-12、13、14、15）。

图 5-10（下左）沙发家具。

图 5-11（下右）设计师：Rodolfo Dordoni，2006 年。

图 5-12 设计师：Rodolfo Dordoni，2006 年。

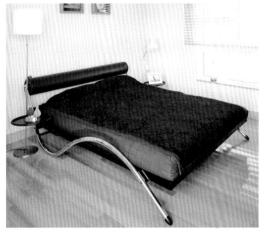

图 5-13（左上）设计师：乔治·尼尔森。

图 5-14（右上）床榻家具。

图 5-15（左）墙面造型向天花板延伸，让空间高度在视觉上有
所增加，简洁的造型具有更强的表现力。

图 5-16、17、18 各色桌类家具。

2. 桌台家具

桌台家具通常与坐卧家具配套使用，可分为桌与几两类。桌类较高，主要为人们提供操作平台，是空间的重点，有写字台、会议桌、课桌、餐桌、试验台、电脑桌等（图 5-16、17、18、19、20）；几类较矮，主要用来放置物品，是空间的配角，有茶几、条几、花几等（图 5-21、22、23）。在现代几类家具中，茶几成为其中最重要的种类，在传统的实用配角基础上，增添了较多的装饰性，成为空间的视觉焦点家具。

图 5-19（左）设计师：
Rodolfo Dordoni，2003 年。

图 5-20（右）设计师：
Vico Magistretti。

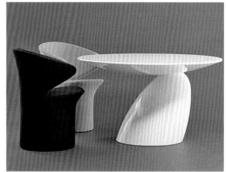

图 5-21（上左）设计师：Rodolfo Dordoni，2005 年。

图 5-22（上右）设计师：Eero Aarnio，2002 年。

图 5-23（上左）设计师：
Shiro Kuramata，1986 年。

3. 贮藏家具

储藏家具也被称为橱柜家具，早期储藏家具发展中的箱类家具已随着室内空间和生活方式的变化逐步被橱柜类家具所取代（图 5-24、25、26、27、28）。贮藏家具虽然不与人体发生直接关系，但设计上必须适应人体活动尺寸和造型。在外观上分为封闭式、开放式、综合式三种；在与空间关系上分为固定式和移动式两种；在用途上分为书柜、衣柜、展示柜等。随着人们生活用品新种类的增多，储藏家具正逐渐走向组合化的多功能柜。

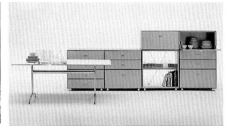

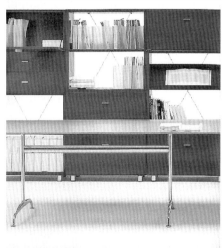

图 5-24 设计师：维科·马吉斯特莱迪，1977 年。

图 5-25 设计师：J·德·帕斯、D·杜尔比诺、P·罗马兹，1973 年。

图 5-26（左上）设计师：Pierluigi Cerri。
图 5-27、28（左下）格式储藏家具。

4. 装饰家具

　　装饰家具主要是指屏风与隔断类主要起装饰作用的家具，通常被用来美化环境和间隔空间，中国的传统屏风，博古架表现得最为突出（图5-29、30、31、32）。装饰家具对于强调开敞性、可变性空间的室内设计来说，具有丰富变化空间的作用，有利于创造出独特的视觉艺术效果。

图5-29（左上）装饰隔断。

图5-30（右上）红色和白色之间对比很强，处理不好容易孤立。在这个空间里，我们看到，白色的装饰画、案几、纱帘将红色墙面分割成若干小块；白色的纱帘让部分红色若隐若现，和小块的深红色都起到了丰富红色系的效果；黑白相间的灯具又增强了空间的明度变化节奏。

图5-31 家具不是越新越好，拐角处的地柜在与居住者的生活习惯结合后，就显得恰到好处了，配饰、楼梯的样式都反映出居住者的文化倾向。

图5-32 储藏家具。

图 5-33、34 家具是室内空间的主体。

三 家具在室内空间环境中的作用

最早的建筑是为人类提供室内空间进行简单的挡风遮雨而建造的，在漫长的进化过程中，家具与室内空间结合越来越紧密，家具成为人类与室内空间的中介物：人——家具——室内空间。室内是人类创造的文明空间，人类不再直接利用室内空间，而是需要通过家具把室内空间转变为细致而具体的人体活动空间再加以利用。家具是人类在室内空间中再次创造文明空间的精巧努力，这使得人类文明向前迈出了一大步。发展到现代，人类的室内空间活动都是围绕家具而展开的，家具的设计和组织布置成为室内空间的设计主体（图 5-33、34）。

1. 确定空间主要使用功能

在限定的室内空间中，人们的活动内容是多样的，而不同功能的家具及其组合可以组成不同的空间使用功能。例如，餐桌、餐椅组合成就餐空间；会议桌、会议椅组合成会议空间；书桌、办公椅组合成工作学习空间；沙发、茶几组合成交谈空间，添加电视柜和设备就组合成视听、会客、起居空间；坐便器、洗手盆、淋浴房组合成卫浴空间；床、床头柜组合成睡眠空间；整体化的现代厨具就构成备餐空间，等等（图 5-35、36）。

图 5-35、36 家具确定空间主要使用功能。

图 5-37、38 通过家具组织利用空间。

图 5-39 不同类型的家具对空间有
不同的要求。

2. 组织利用空间

    在现代室内空间环境中，随着框架结构建筑的普及，室内空间越来越大，越来越通透，通过家具的组织布置对同一空间划分不同的使用区域和用家具代替土建墙的空间隔断作用逐渐被人们广泛使用，这些设计手法既能够满足空间功能的使用，又提高了空间使用的灵活利用率，并丰富了空间形态。例如，用沙发、茶几和餐桌、餐椅划分客厅、餐厅、通道三个空间；用大面积的装饰柜或书架隔断客厅和书房；用隔断或屏风隔断玄关和客厅等等。当然，这些划分空间的方式在空间的保暖、隔音方面就显得有些不足（图 5-37、38）。

3. 创造空间氛围

    作为室内空间的设计主体，家具无论在空间体量，还是造型、色彩的艺术倾向上，都对创造整体空间的意境效果起着决定性的影响。通过家具的艺术形象表达室内空间设计的思想、风格、情调是从古至今常用的设计手法，不只是传统家具，现代风格家具也已经成为某些文化理念的符号。

四 家具的选用和组织

    选用家具的首要前提是稳固、舒适，保障使用者的安全放心；其次要强调家具的艺术形象应与空间环境的意境风格相协调，有利于更好地表达设计内涵。同时，还要考虑便于家具的安装制作、家具的尺寸与空间尺寸相适应、经济成本等问题（图 5-39）。

    家具的空间布置方式主要有单边式、走道式、岛式、周边式；家具布置的格局有对称式、非对称式和分散式。实现空间使用功能、充分合理地组织利用空间和创造良好的空间氛围是家具组织布置的根本原则。在确定的空间环境中，无论家具的布置数量和形式如何变化，都不能偏离这一根本原则。

思考与练习

1. 试论述家具与室内空间的关系。

2. 按基本使用功能家具可以分为哪几类？

3. 如何进行室内家具的选用和组织？

第二节 配饰

在本书的内容里，配饰的内容极其丰富，不仅指绘画、书法、雕塑和布艺等陈设品，也包括植物绿化、灯具、五金配件（图5-40、41、42）。室内配饰正如人们日常生活中的梳妆打扮行为，居室使用前的最后步骤就是对空间环境进行配饰布置，在使用过程中，也会伴随着人们的家庭生活而一直延续。配饰不是孤立存在于空间环境之中，必须与室内空间的其他构成形态相互配合协调。虽然配饰物品在空间环境中的比例并不是很大，但是它画龙点睛地完善了空间的艺术意境效果，"没有植物的卫生间是不完整的"，这句话就表达了配饰对空间所起的作用是其他行为所无法替代的。随着社会文化的发展，配饰在室内设计中的地位得到了很大的提高，这成为现代社会精神文明的重要标志之一。

图5-40 插花。

看似简单随意的几根花草枯枝摆放，体现了设计者娴熟运用形式美法则、演绎空间设计内涵和热爱自然的生活态度（图5-43、44、45），配饰是社会文化、地域特色、个人素养的精神内涵在日常生活中的表现。

功能性配饰和装饰性配饰的区别并不完全是由配饰物品自身所决定的，最重要的是如何在空间环境中布置设计，才体现了两者的区别。

图5-41 抱枕和花瓶。

图 5-42 雕塑。

一 功能性配饰

配饰本身就带有较强的功能性，实践经验告诉我们，完全观赏性的配饰在居住空间中并不多见，空间环境中具有一定的使用功能和组织、引导空间的配饰称为功能性配饰。

1. 具有使用功能

拉手、开关、水龙头和灯具等配饰物品本身就具有一定的使用功能，它们对完善空间环境的功能是必不可少的（图5-46）。在室内空间中摆放植物能够拉近人与自然的距离，是人类自身生存的需要。

2. 组织和引导空间

在家具不能很好地组织利用空间时，植物、布艺和雕塑等配饰物品既能够美化空间环境，也是突显重点空间、呼应和划分空间的很好选择。

图 5-43、44、45
各种室内植物。

图 5-46（左）拉手的形式应与空间氛围相融合。

图 5-47（上）简单的配饰打破了空间的孤寂。

二 装饰性配饰

装饰性配饰的主要作用就是从外部形态上装饰美化空间环境，造型、肌理、色彩、艺术风格要与整体空间氛围协调统一，配饰物品和摆放方式能够为空间的艺术效果锦上添花（图 5-47）。在有些情况下，具有深刻意义和较高欣赏价值的配饰也会成为室内空间的设计主题。

1. 柔化空间

通常情况下，没有经过配饰的室内空间显得较为冷漠、生硬而没有生机，尤其在空间的拐角和类似元素较多的大面积空间中则更为明显，千姿百态的植物和雕塑等配饰能够改变这种状况（图 5-48）。

2. 美化环境

对于初学者来说，配饰美化环境往往就是工艺品、植物、雕塑等配饰物品的简单排列堆砌，固然形成这种现象的原因很多，缺乏对生活细节与空间环境观察分析却是非常重要的因素。选择配饰物品应从使用者的爱好和生活习惯入手，注重个性表达，紧密结合空间环境的设计内涵和外部形态特征，通过造型、肌理、色彩和艺术风格上的对比与调和，达到整体统一的效果（图 5-49、50、51、52）。

思考与练习

1. 配饰在室内空间环境中有什么作用？

2. 如何进行室内空间的配饰设计？

图 5-48 地面的花毯也让交流空间更为完整。

图 5-49 回归自然更多体现在室内细节设计上。

图 5-50 丰富的装饰品展示了居住者的审美品位，空间内容得到了丰富。

图 5-51 室内空间需要配饰的充实。

图 5-52 抱枕、插花、工艺品增添了空间的层次。

CHAPTER 6

居住空间设计的实践

第六章
居住空间设计的实践

第一节 室内设计的实现

一 室内设计程序

　　室内设计是一门实践性很强的专业，要最终实现其存在价值——改善和提高人类的居住环境，就必须付诸实施。因此，室内设计是指包括信息搜集、初步设计、完善方案、施工协调和使用评估五个步骤的系统实践过程（图6-1）。

　　室内设计是人类有目的地系统指导解决室内空间环境矛盾的活动过程，美化空间环境只是设计活动的部分内容。收集资料、分析问题是解决矛盾的前提条件，此环节对整个设计过程具有重要的指导意义，没有细致地分析问题，就不可能找到解决矛盾的方法。方案构思和图纸制作只是室内设计的部分内容，施工协调、使用评估有助于设计师改进和完善设计方案，进一步总结经验和提高设计水平，也是人们容易忽视的设计步骤。

二 家居装修施工程序及常见问题

　　一般情况下，家居装修中各工种进场施工顺序是：瓦工→水电工→泥水工→木工→油漆工→水电工→设备安装工→清洁工，装修工程的施工顺序是：建筑结构改造→水电布线→防水工程→瓷砖铺装→木工制作→木质油漆→墙面涂饰→水电安装→设备安装→卫生清洁。在制订具体施工程序时，通常应注意缩短工期、成品保护和安全防范等原则，做到合理统筹安排。下面介绍一些施工过程中经常出现的设计和施工问题：

1. 建筑结构改变

　　在设计前，要掌握建筑的承重结构，分清可拆除部分和不可拆除部分。一般情况下，在实行统一物业管理的小区中，除建筑的承重墙、柱以外，凡影响建筑外观的建筑构件均不得改变，如窗、阳台等。

2. 水电安装

　　配电箱、信息箱的安装设计不仅要考虑使用方便、隐蔽、安全，还要注意和外来主线直接相连；电气线路不可隐藏在建筑承重墙、柱内。

　　插座、开关、灯具的电气线路设计要考虑室内空间的可变性，为可能的不同空间使用状况做准备，减少部分使用者在使用过程中的再规划设计的障碍，例如，书桌、装饰柜、电器设备的移动对用电、用水的影响。

图 6-1 完善方案是居住空间设计的一个重要方面。

插座数量要根据电器使用频率合理布置；在潮湿环境中要注意插座的防水。

根据空间的大小和使用习惯，合理布置多控开关；在灯具较多的情况下，要采用多种控制方案，例如，在 6 个以上筒灯密集排列时，可采用梅花式交错控制，避免灯具一起打开，浪费资源又减少空间光线变化。

在室内净高较低的情况下，中央式空调管道对天花板造型有很大影响，最好有空调安装专业人士的协调。

在灯具重量较大的情况下，要注意在天花板预埋承重构件，不可直接安装在木楔上，以免产生室内不安全因素。

冷热水管应左热右冷，间距一般不小于 20cm，具体视龙头冷热管间距而定。

3. 防水工程

除了防水工程要按要求施工外，防水施工完毕后，还要做蓄水测试。

注意潮湿空间内防潮，防潮性较差的家具要布置在干燥空间，在使用木制家具做厨房和餐厅隔断时，一定要做好防水处理；在华南多雨地区，紧靠卫生间、厨房墙面的木制柜类家具背面也需要做防潮处理。

4. 石材类铺装工程

直角边墙面砖与圆角边墙面砖相比，铺装后容易产生不平或砖缝不齐的问题，建议直角边墙面要选择质量较高的产品，在经济投入不是很大的情况下，尽量选择圆角边墙面砖。

马赛克的施工要求较为严格，应先将墙面抹灰找平，从上往下铺装。

墙面花片和地面装饰线的铺装设计要考虑家具和设备的布置，避免遮挡，影响空间效果。

在不规则空间里铺装瓷砖，砖的留缝容易产生杂乱，要控制其对空间效果的影响。

门槛石虽然面积小，但对空间效果影响不容忽视，高度要适中，色彩、纹理要与空间环境相协调。

在公寓楼房中，两层及以上的坐便器定位不能做大尺度的修改。

5. 木工制作

通常情况下，标准木芯板、贴面板的规格为 1200mm×2400mm，玻璃的规格为 1200mm×2000mm，平面尺寸超过规格的制作需要拼贴或特殊定做，初学者容易忽视材料平面和厚度规格，给制造成很大的障碍。

在效果图表现中，不同材质间在同一平面的收边不存在问题，但是施工制作的难度却很高，或者效果不能达到预期，例如由于玻璃的透明度和边线整齐，贴面板和玻璃在同一平面相接的边线容易产生粗糙感，建议两者前后空间顺序搭配。

6. 涂饰工程

基层打磨做底、边线处理得好坏直接决定木质油漆和墙面乳胶漆的施工水平，装修工程的最终施工效果在很大程度上依赖于此施工环节。

通常情况下，贴面板的颜色并非设计师所希望的状况，在做木质油漆施工时，可以根据需要在油漆里添加色精来改变贴面板的颜色，以达到设计师所需要的艺术效果。

第二节 作品赏析

一 判别设计作品

设计是追求"真、善、美"的人类活动，优秀的设计 = 功能组织 + 形式构成 + 场所特征 + 设计内涵 + 风格。对于一名初学者来说，通过判别设计作品的优劣，可以明确学习的方向。

任何的室内设计风格和流派都有其产生的时代和文化根源，也都是设计师成长过程中吸取营养的土壤。室内设计的风格主要有传统风格、现代风格、后现代风格、自然风格以及混合型风格等。流派，这里是指室内设计的艺术派别，现代室内设计的流派主要有：高技派、光亮派、白色派、新洛可可派、超现实派、解构主义派以及装饰艺术派等。

二 个案介绍

案例一：该复式住宅位于广州市某住宅区，业主是一对年龄 30 多岁的夫妇和上小学的儿子，对设计的要求是：热烈、简洁；在客厅和餐厅空间内合理布置一架钢琴；玄关屏风用玻璃，又要避免进门后直接看见阳台外的风景（图 6-2、3、4）。

图 6-2 室内以有肌理变化的灰红色为主线，电视背景的顶部用石膏板做出 6cm 的层次变化，在大面积红色的平面附以小幅装饰画做搭配；由于沙发顶部的天花位置有梁，客厅吊顶采用增加四边吊顶的宽度，尤其是梁部吊顶部分，弱化梁的视觉感。

图 6-3、4 玄关左侧为楼梯，楼梯底部做鞋柜，从楼顶垂挂竹帘，以尽量保持小复式空间的精致；隔断采用裂纹玻璃为外框，内部摆放白色枯枝，小射灯做局部照明，既保持光线的通透，又避免完全看到阳台外的风景。

案例二：该跃式住宅位于广州市某住宅区，已建成 5 年，玄关的布局不好，大门正对书房门，业主准备装修后作新房使用，对设计的要求是：时尚、个性、有文化气氛、色彩偏冷（图 6-5、6、7）。

案例三：该住宅是广州市某房地产公司的样板房，对设计的要求是：大方、富有变化；装修费用控制在 25000 元以内（图 6-8、9、10）。

图 6-5 利用业主对玻璃的爱好，将客厅和玄关结合为一体进行设计，浅绿色玻璃从电视背景延伸到进门正对墙面、书房门，凸显空间的整体性和个性。

图 6-6 玻璃上水平的不锈钢线条引导客人走向客厅，减少玄关空间的停留时间。

图 6-7 客厅沙发背景为浅黄绿色，避免空间环境过于冰冷，营造温馨的家庭氛围；大幅的书法靠下摆放，使空间充满浓浓的书香气。

6-8 因为大门打开的方向向右，玄关与客厅之间设计成装饰性的隔断，对面为鞋柜，客厅的沙发背景为竖式的大幅书法。

图 6-9 电视背景上部分为浅黄色造型，下部分为玻璃，以不锈钢间隔，电视背景间的色彩对比形成了空间的视觉中心。

图 6-10 从餐厅看过去，玄关与电视背景富有变化，减少整个房间空间的单调感。

案例四：该住宅的业主是四十多岁的中年夫妇和上中学的女儿，对设计的要求是：大方、开阔；有较多展示装饰品空间（图6-11、12、13）。

案例五：该方案空间变化多样，注重空间的整体性、造型简洁（图6-11至18）。

图6-11（右图）玄关的左侧为装饰壁龛，用来展示部分艺术装饰品；电视背景采用深色木线条和白色搭配的简单造型，力求大方，沉稳。

图6-12、13（下图）客厅和餐厅之间的隔断是用玻璃制作的透明装饰柜，保持空间的开阔；沙发背景采用留白缝的深色木纹和白色搭配，以呼应电视背景墙的用材。

图 6-14 电视背景顶部采用光槽间接照明，丰富了
空间的照明方式。

图 6-15（上）客厅与玄关之间设置鞋柜可充分利用空间。

图 6-16（左上）沙发背景的黄灰色与装饰画的搭配也是不错的选择。

图 6-17（左下）开放式厨房也受到越来越多人的喜爱。

图 6–18、19、20 书房采用大面积玻璃使空间富有变化。

图 6–21 书房的开阔视野。

CHAPTER 7
课题训练

第七章
课题训练

练习一

造型能力的训练：背景墙的设计。

要求

1. 以直线为主要造型元素；

2. 提交 5 个设计方案。

训练目的与难点

电视、沙发、通道等背景墙是居住空间设计的重要内容，本练习主要训练学生的造型塑造能力。要求学生将平面构成、人体工程学等基础课程所学的专业基础知识运用到专业设计中，掌握分割、加减法等造型构成方法。

受限于个人阅历和知识面，初学专业设计的同学大多存在认识误区，设计思维不够开阔，固执于许多的"不可以"。模仿意识强，偏重造型的记忆，创新意识差，忽视对专业设计的规律性学习。

部分作品评析

图 1 该玄关背景墙的设计较好地利用了直线的疏密对比关系，但中心区域的直线间距与地柜门在尺度上过于接近，削弱了背景墙的表现力，如果装饰画选用竖长形画幅，视觉效果会更佳。

图 2 电视背景墙和沙发背景墙的造型相互呼应，使得空间整体感较强，但两个长方形都是突出墙面，有局部过强的倾向。电视背景墙右上角将图案从底延伸到长方形上，具有一定图底黏合的视觉作用；沙发背景墙的处理就显得有些不足，建议将长方形凹进墙里或将长方形向下延伸到地面，视觉效果会更好些。

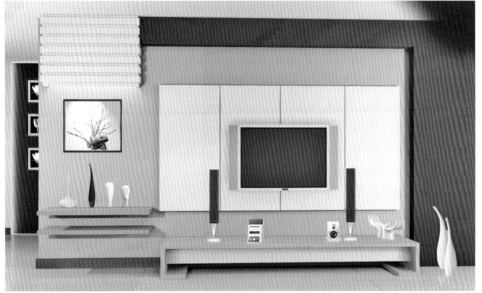

图3（左上）单从造型来看，该电视背景墙简洁、大方，富有规律性，整体感强烈，但略显呆板，空间气氛不够活跃，不符合大部分年轻人的审美取向；另外，该背景墙的造型和光形配合较差。

图4（右上）该通道背景墙的造型的密和周围墙面的疏形成了一定的趣味性视觉效果，造型统一又富有变化，与楼梯间天花板的纹理有一定的呼应。

图5 由于电视背景墙左边密集的直线造型缺少呼应而显得孤立，电视背景墙有失重的视觉感，建议消减数量，并将下方的隔板减少一个，材质改为暗红色。

图6 大面积统一的木材质在井字形分割下，显得细腻又大气，突出了顶部灯具的光形特点，建议井字形分割中间的两条竖线可以向两边偏移一点点，以减少中心部位拥挤的感觉。

练习二

光运用能力的训练：照明设计分析。

要求

1. 以点、线、面光的角度进行分析，提交 3 个分析方案；

2. 以局部、重点、装饰、基础照明方式的角度进行分析，提交 2 个分析方案。

训练目的与难点

光是空间的灵魂，本训练的目的是熟知基本照明范式及其基本功能，掌握其常用的照明组合方法，达到在设计中有意识地利用光塑造空间的习惯。

过光形、光色是光的重要组成部分，直接影响光对空间的塑造能力，在小空间中显得尤为突出，在本训练中，用光形营造空间气氛是学习的难点。

部分作品评析

图 7、8 基础照明并不局限于吊灯、吸顶灯等大型灯具，在现代居住空间的高度普遍不高的情况下，小型灯具表现出一定的优势。装饰照明是营造空间气氛的重要手段，在设计中，尽量不要破坏光形的完整性，图中电视背景墙上残缺的光形是光运用的一个反面教材，光形和造型不够协调。

图9、10 电视背景侧面装饰照明的光形完整、精巧，较好地提升了空间的格调。天花板顶部的回光灯槽增加了空间的层次，让空间高度显得更高些。沙发背景的重点照明没有把光投射到装饰画的重点部位，重点照明变成了无用照明。

图11、12 点、线光和点、面光搭配方式的特点是主次分明，是最常运用的两种方式，点光的光形自然、精致。

图13、14 通常情况下，由于居住空间的尺度较小，大面积的面光容易造成局部光的亮度过高，产生眩光、光幕反射，引起人们不舒适的视觉感受，所以使用较少。如图12所分析，客厅的吊灯是由多个点光源组成，可视之为点光的面化，在这个组合中，单个的点光不是孤立存在，而是吊灯面光的组成部分，这种灯具的选择又要考虑到它本身过多的点光是否会和筒灯、射灯等其他点光相冲突。

练习三

材料运用能力的训练：材料的色彩、肌理分析。

要求

1. 要求学生对空间内各个界面、家具、配饰等内容的色彩、肌理搭配进行分析；

2. 提交 5 个分析方案。

训练目的与难点

色彩、肌理是材料的两个重要内容，通过对优秀设计作品的色彩、肌理搭配分析，强化学生对材料的主要外在形式特征和对空间节奏、韵律的感性认识，并从中总结一些规律性的认识。

在材料的使用中，不同材料的衔接处理是设计实践中的难点，由于学生对材料性能、施工工艺等知识缺乏了解，在面对这一难点时会更加手足无措。

部分作品评析

图 15 通过软件调整，将蓝色换成红色后，色调趋于统一，空间效果大为改观。

图 16 由于色彩搭配混乱而色调不明确，空间显得生硬，设计者明显没有掌握色彩搭配的基本技巧。

图 17（左上）墙面的直线形大纹理将空间的直线造型推向高潮，视觉效果强烈而温馨，对突出空间的个性起到了很大的作用。

图 18（右上）这个空间的色彩鲜艳、细腻，视觉冲击力强又沉稳、统一，究其原因，黑色的瓷器、楼梯背景墙顶部斑驳的黑色线条、后面墙面上的黑色装饰画，在不同空间位置相互呼应，似定海神针一般稳住了观者的视觉。另外，还需要我们注意的是，大面积的色彩由于材质反射性能的不同，在光线的照射下，会显出迥异的渐变效果，色彩的细节各不相同。

图 19 居住空间常使用暖黄色调表现空间的温馨气氛，但若设计不当，又会显得轻浮而沉闷，这个空间的色彩设计细腻、层次多又沉稳，是一个较好的范例。我们可以从中总结三点：一是大胆使用深色，二是注意明度的变化，三是肌理可以增加色彩的表现内容。

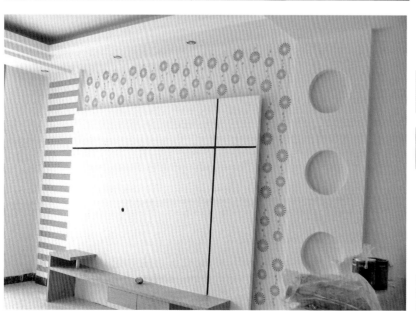

图 20 这个电视背景墙的色彩设计和图 25 所暴露出的问题是相同的，色彩之间缺少关联性，再加上造型的孤立，空间显得极为凌乱。

练习四

装饰能力的训练：小空间的装饰美化设计。

要求

1.选择楼梯角、隔板、装饰柜、沙发角落等小空间，通过家具、布艺、绿化等装饰品的搭配进行装饰美化；

2.提交4个设计方案。

训练目的与难点

空间的装饰美化可以使居住空间形象更加多样，主题性更加丰富。本训练的目的是让学生掌握装饰品的选择应具有一定的主题倾向性，摆放应具有一定的疏密、大小、高低、前后变化。

在空间的装饰美化中，一些具有独特个性的装饰品形象会让空间增色不少，这也是本训练的难点。

部分作品评析

图21（右）壁龛里整齐摆放的玻璃杯似名曲乐章中的一串俏皮音符，玲珑剔透而纯洁无瑕。

图22（左下）一排排整齐的隔板装饰美化简单，而又很麻烦，这张图片让我们意识到呼应是装饰品摆放的基本规则。

图23（右下）这个楼梯间设计比较有意思，大小相同的两个白色玻璃瓶和墙面上浅色的装饰画在同一蓝色背景下，具有一定的联系，加上大小一致的两盆植物成为楼梯直线栏杆的注脚。

图24（左上）这个楼梯角的装饰美化也是非常不错的，抛开矮桌上三个白色的花瓶，楼梯右边墙上四个方形的装饰画和左边的长方形壁龛让楼梯具有了较好的平衡，矮桌上黑色的相框又让它们似乎生了根一般。

图25（中上）桌上的鲜花和墙面的鲜花、拐角处的绿色植物固然让空间具有韵律和节奏，但绿色的花瓶和灯具造型是这个空间装饰美化的亮点。

图26（右上）看过前面两个楼梯角的装饰美化设计，再看这个，我们会发现，插枯枝的陶罐具有较好的审美价值，但缺少对比变化，也缺少呼应，显得空间过于零散而不完整。

图27 楼梯角往往是居住空间装饰美化中重要的内容，又是一个让设计师很头疼的地方。这个空间仅用一大一小两个陶罐就让观者的心情跟着喜悦起来。仔细分析，我们可以整理出三条：一是具有主题性审美价值，二是具有对比变化，三是和楼梯的高低变化有呼应。

图28 面对整排整排的书柜，书就是主要内容，通过对比，可以发现，白色、浅灰色和棕色书的错落排列，展现出疏密、大小、长短的对比呼应关系。

练习五

空间规划能力的训练：单个空间的平面规划。

要求

在限定的空间内，进行空间规划，满足基本的功能需求：

1. 在图 29 的平面图上进行卧室或书房的平面布局，提交 3 个设计方案；

2. 在图 30 的平面图上进行儿童房的平面布局，提交 3 个设计方案。

训练目的与难点

通过单个空间的平面规划，让学生对通风、采光、功能、动线等问题具有一定的把握能力，熟练处理门、窗、家具之间的关系。其中，动线的合理性是本训练的难点。

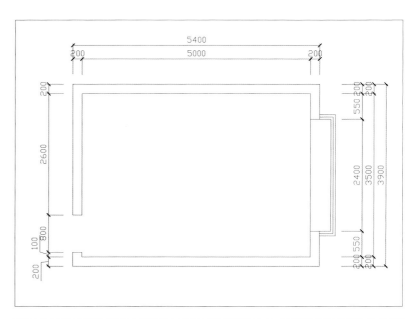

图 29

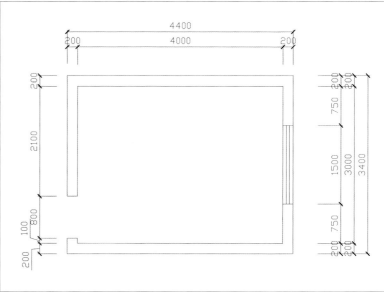

图 30

部分作品评析

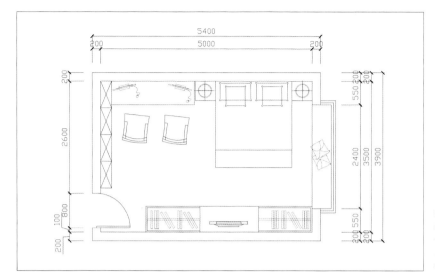

图 31 对于卧室需要满足两个人工作学习的前提要求下，该设计的平面布局还是不错的，活动区域较大，双人床的使用没有明显的障碍，但是，进门正对的衣柜侧面过宽，会给人一定的压抑和笨拙感，可以采用圆形装饰柜淡化不舒适感。

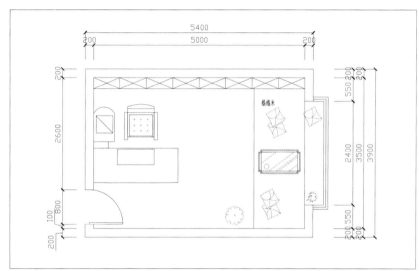

图 32 书桌靠近门，必然使书房受外部影响的可能性增大，缺少良好的采光，榻榻米的设计对于有此生活习惯的使用者来说，无疑增添了很多的生活乐趣，可根据实际情况取舍。

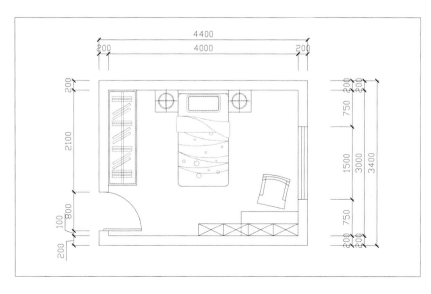

图 33 该儿童房的布局缺少个性特点，书桌的采光较差，适于安静和年龄大些的儿童使用。

附录：
《住宅装饰装修工程施工规范》

住宅装饰装修工程施工规范

　　根据我部《关于印发"二〇〇〇至二〇〇一年度工程建设国家标准制订、修订计划"的通知》[建标（2001）87 号] 的要求，由我部会同有关部门共同编制的《住宅装饰装修工程施工规范》，经有关部门会审，批准为国家标准，编号为 GB50327—2001，自 2002 年 5 月 1 日起施行。其中，3.1.3、3.1.7、3.2.2、4.1.1、4.3.4、4.3.6、4.3.7、10.1.6 为强制性条文，必须严格执行。

　　本规范由建设部负责管理和对强制性条文的解释，中国建筑装饰协会负责具体技术内容的解释，建设部标准定额所组织中国建筑工业出版社出版发行。

中华人民共和国建设部

2001 年 12 月 9 日

1 总 则

　　1.0.1 为住宅装饰装修工程施工规范，保证工程质量，保障人身健康和财产安全，保护环境，维护公共利益，制定本规范。

　　1.0.2 本规范适用于住宅建筑内部的装饰装修工程施工。

　　1.0.3 住宅装饰装修工程施工除应执行本规范外，尚应符合国家现行有关标准、规范的规定。

2 术 语

　　2.0.1 住宅装饰装修（Interior decoration of housings）

　　为了保护住宅建筑的主体结构，完善住宅的使用功能，采用装饰装修材料或饰物，对住宅内部表面和使用空间环境所进行的处理和美化过程。

　　2.0.2 室内环境污染（indoor environmental pollution）

　　指室内空气中混入有害人体健康的氡、甲醛、苯、氨、总挥发性有机物等气体的现象。

　　2.0.3 基体（primary structure）

　　建筑物的主体结构和围护结构。

　　2.0.4 基层（basic course）

　　直接承受装饰装修施工的表面层。

3 基本规定

3.1 施工基本要求

　　3.1.1 施工前应进行设计交底工作，并应对施工现场进行核查，了解物业管理的有关规定。

　　3.1.2 各工序，各分项工程应自检、互检及交接检。

　　3.1.3 施工中，严禁损坏房屋原有绝热设施；严禁损坏受力钢筋；严禁超荷载集中堆放物品；严禁在预制混凝土空心楼板上打孔安装埋件。

　　3.1.4 施工中，严禁擅自改动建筑主体。承重结构或改变房间主要使用功能；严禁擅自拆改燃气、暖气、通讯等配套设施。

　　3.1.5 管道、设备工程的安装及调试应在装饰装修工程施工前完成，必须同步进行的应在饰面层施工前完成。装饰装修工程不得影响管道、设备的使用和维修。涉及燃气管道的装饰装修工程必须符合有关安全管理的规定。

　　3.1.6 施工人员应遵守有关施工安全、劳动保护、防火、防毒的法律，法规。

　　3.1.7 施工现场用电应符合下列规定：

　　(1) 施工现场用电应从户表以后设立临时施工用电系统。

　　(2) 安装、维修或拆除临时施工用电系统，应由电工完成。

　　(3) 临时施工供电开关箱中应装设漏电保护器。进入开关箱的电源线不得用插销连接。

　　(4) 临时用电线路应避开易燃、易爆物品堆放地。

　　(5) 暂停施工时应切断电源。

　　3.1.8 施工现场用水应符合下列规定：

　　(1) 不得在未做防水的地面蓄水。

　　(2) 临时用水管不得有破损、滴漏。

　　(3) 暂停施工时应切断水源。

　　3.1.9 文明施工和现场环境应符合下列要求：

(1) 施工人员应衣着整齐。

(2) 施工人员应服从物业管理或治安保卫人员的监督、管理。

(3) 应控制粉尘、污染物、噪声、震动等对相邻居民、居民区和城市环境的污染及危害。

(4) 施工堆料不得占用楼道内的公共空间，封堵紧急出口。

(5) 室外堆料应遵守物业管理规定，避开公共通道、绿化地、化粪池等市政公用设施。

(6) 工程垃圾宜密封包装，并放在指定垃圾堆放地。

(7) 不得堵塞、破坏上下水管道、垃圾道等公共设施，不得损坏楼内各种公共标识。

(8) 工程验收前应将施工现场清理干净。

3.2 材料设备基本要求

3.2.1 住宅装饰装修工程所用材料的品种、规格、性能应符合设计的要求及国家现行有关标准的规定。

3.2.2 严禁使用国家明令淘汰的材料。

3.2.3 住宅装饰装修所用的材料应按设计要求进行防火、防腐和防蛀处理。

3.2.4 施工单位应对进场主要材料的品种、规格、性能进行验收。主要材料应有产品合格证书，有特殊要求的应有相应的性能检测报告和中文说明书。

3.2.5 现场配制的材料应按设计要求或产品说明书制作。

3.2.6 应配备满足施工要求的配套机具设备及检测仪器。

3.2.7 住宅装饰装修工程应积极使用新材料、新技术、新工艺、新设备。

3.3 成品保护

3.3.1 施工过程中材料运输应符合下列规定：

(1) 材料运输使用电梯时，应对电梯采取保护措施。

(2) 材料搬运时要避免损坏楼道内顶、墙、扶手、楼道窗户及楼道门。

3.3.2 施工过程中应采取下列成品保护措施：

(1) 各工种在施工中不得污染、损坏其他工种的半成品、成品。

(2) 材料表面保护膜应在工程竣工时撤除。

(3) 对邮箱、消防、供电、电视、报警、网络等公共设施应采取保护措施。

4 防火安全

4.1 一般规定

4.1.1 施工单位必须制定施工防火安全制度，施工人员必须严格遵守。

4.1.2 住宅装饰装修材料的燃烧性能等级要求，应符合现行国家标准《建筑内部装修设计防火规范》（GB50222）的规定。

4.2 材料的防火处理

4.2.1 对装饰织物进行阻燃处理时，应使其被阻燃剂浸透，阻燃剂的干含量应符合产品说明书的要求。

4.2.2 对木质装饰装修材料进行防火涂料涂布前应对其表面进行清洁。涂布至少分两次进行，且第二次涂布应在第一次涂布的涂层表干后进行，涂布量应不小于 500g/ ㎡。

4.3 施工现场防火

4.3.1 易燃物品应相对集中放置在安全区域并应有明显标识。施工现场不得大量积存可燃材料。

4.3.2 易燃易爆材料的施工，应避免敲打、碰撞、摩擦等可能出现火花的操作。配套使用的照明灯、电动机、电气开关，应有安全防爆装置。

4.3.3 使用油漆等挥发性材料时，应随时封闭其容器，擦拭后的棉纱等物品应集中存放且远离热源。

4.3.4 施工现场动用电气焊等明火时，必须清除周围及焊渣滴落区的可燃物质，并设专人监督。

4.3.5 施工现场必须配备灭火器，砂箱或其他灭火工具。

4.3.6 严禁在施工现场吸烟。

4.3.7 严禁在运行中的管道、装有易燃易爆的容器和受力构件上进行焊接和切割。

4.4 电气防火

4.4.1 照明、电热器等设备的高温部位靠近非 A 级材料或导线穿越 B2 级以下装修材料时，应采用岩棉、瓷管或玻璃棉等 A 级材料隔热。当照明灯具或镇流器嵌入可燃装饰装修材料中时，应采取隔热措施予以分隔。

4.4.2 配电箱的壳体和底板宜采用 A 级材料制作。配电箱不得安装在 B2 级以下（含 B2 级）的装修材料上。开关、插座应安装在 B1 级以上的材料上。

4.4.3 卤钨灯灯管附近的导线应采用耐热绝缘材料制成的护套，不得直接使用具有延燃性绝缘的导线。

4.4.4 明敷塑料导线应穿管或加线槽板保护，吊顶内的导线应穿金属管或 B1 级 PVC 管保护，导线不得裸露。

4.5 消防设施的保护

4.5.1 住宅装饰装修不得遮挡消防设施、疏散指示标志及安全出口，并且不应妨碍消防设施和疏散通道的正常使用，不得擅自改动防火门。

4.5.2 消火栓门四周的装饰装修材料颜色应与消火栓门的颜色有明显区别。

4.5.3 住宅内部火灾报警系统的穿线管、自动喷淋灭火系统的水管线应用独立的吊管架固定。不得借用装饰装修用的吊杆和放置在吊顶上固定。

4.5.4 当装饰装修重新分割了住宅房间的平面布局时，应根据有关设计规范针对新的平面调整火灾自动报警探测器与自动灭火喷头的布置。

4.5.5 喷淋管线、报警器线路、接线箱及相关器件宜暗装处理。

5 室内环境污染控制

5.0.1 本规范中控制的室内环境污染物为：氡（222Rn）、甲醛、氨、苯和总挥发性有机物（TVOC）。

5.0.2 住宅装饰装修室内环境污染控制除应符合本规范外，尚应符合《民用建筑工程室内环境污染控制规范》（GB50325—2001）等国家现行标准的规定，设计、施工应选用低毒性、低污染的装饰装修材料。

5.0.3 对室内环境污染控制有要求的，可按有关规定对5.0.1 条的内容全部或部分进行检测，其污染物浓度限值应符合如下表的要求。

住宅装饰装修后室内环境污染物浓度限值

室内环境污染物	浓度限值
氡（Bq/m³）	≤ 200
甲醛（mg/m³）	≤ 0.08
苯（mg/m³）	≤ 0.09
氨（mg/m³）	≤ 0.20
挥发性有机物 TVOC（Bq/m³）	≤ 0.50

6 防水工程

6.1 一般规定

6.1.1 本章适用于卫生间、厨房、阳台的防水工程施工。

6.1.2 防水施工宜采用涂膜防水。

6.1.3 防水施工人员应具备相应的岗位证书。

6.1.4 防水工程应在地面、墙面隐蔽工程完毕并经检查验收后进行。其施工方法应符合国家现行标准和规范的有关规定。

6.1.5 施工时应设置安全照明，并保持通风。

6.1.6 施工环境温度应符合防水材料的技术要求，并宜在5℃以上。

6.1.7 防水工程应做两次蓄水试验。

6.2 主要材料质量要求

防水涂料的性能应符合国家现行有关标准的规定，并

应有产品合格证书。

6.3 施工要点

6.3.1 基层表面应平整，不得有松动、空鼓、起沙、开裂等缺陷，含水率应符合防水材料的施工要求。

6.3.2 地漏、套管、卫生洁具根部、阴阳角等部位，应先做防水附加层。

6.3.3 防水层应从地面延伸到墙面，高出地面100mm；浴室墙面的防水层不得低于1800mm。

6.3.4 防水砂浆施工应符合下列规定：

(1) 防水砂浆的配合比应符合设计或产品的要求，防水层应与基层结合牢固，表面应平整，不得有空鼓、裂缝和表面起砂，阴阳角应做成圆弧形。

(2) 保护层水泥砂浆的厚度、强度应符合设计要求。

6.3.5 涂膜防水施工应符合下列规定：

(1) 涂膜涂刷应均匀一致，不得漏刷。总厚度应符合产品技术性能要求。

(2) 玻纤布的接槎应顺流水方向搭接，搭接宽度应不小于100mm。两层以上玻纤布的防水施工，上、下搭接应错开幅宽的1/2。

7 抹灰工程

7.1 一般规定

7.1.1 本章适用于住宅内部抹灰工程施工。

7.1.2 顶棚抹灰层与基层之间及各抹灰层之间必须黏结牢固，无脱层、空鼓。

7.1.3 不同材料基体交接处表面的抹灰应采取防止开裂的加强措施。

7.1.4 室内墙面、柱面和门洞口的阳角做法应符合设计要求。设计无要求时，应采用1：2水泥砂浆做暗护角，其高度不应低于2m，每侧宽度不应小于50mm。

7.1.5 水泥砂浆抹灰层应在抹灰24h后进行养护。抹灰层在凝结前，应防止快干、水冲、撞击和震动。

7.1.6 冬期施工，抹灰时的作业面温度不宜低于5℃；抹灰层初凝前不得受冻。

7.2 主要材料质量要求

7.2.1 抹灰用的水泥宜为硅酸盐水泥、普通硅酸盐水泥，其强度等级不应小于32.5。

7.2.2 不同品种不同标号的水泥不得混合使用。

7.2.3 水泥应有产品合格证书。

7.2.4 抹灰用砂子宜选用中砂，砂子使用前应过筛，不得含有杂物。

7.2.5 抹灰用石灰膏的熟化期不应少于 15d。罩面用磨细石灰粉的熟化期不应少于 3d。

7.3 施工要点

7.3.1 基层处理应符合下列规定：

(1) 砖砌体，应清除表面杂物、尘土，抹灰前应洒水湿润。

(2) 混凝土，表面应凿毛或在表面洒水润湿后涂刷 1∶1 水泥砂浆（加适量胶黏剂）。

(3) 加气混凝土，应在湿润后边刷界面剂，边抹强度不大于 M5 的水泥混合砂浆。

7.3.2 抹灰层的平均总厚度应符合设计要求。

7.3.3 大面积抹灰前应设置标筋。抹灰应分层进行，每遍厚度宜为 5—7mm。抹石灰砂浆和水泥混合砂浆每遍厚度宜为 7—9mm。当抹灰总厚度超出 35mm 时，应采取加强措施。

7.3.4 用水泥砂浆和水泥混合砂浆抹灰时，应待前一抹灰层凝结后方可抹后一层；用石灰砂浆抹灰时，应待前一抹灰层七八成干后方可抹后一层。

7.3.5 底层的抹灰层强度不得低于面层的抹灰层强度。

7.3.6 水泥砂浆拌好后，应在初凝前用完，凡结硬砂浆不得继续使用。

8 吊顶工程

8.1 一般规定

8.1.1 本章适用于明龙骨和暗龙骨吊顶工程的施工。

8.1.2 吊杆、龙骨的安装间距和连接方式应符合设计要求。后置埋件、金属吊杆、龙骨应进行防腐处理。木吊杆、木龙骨、造型木板和木饰面板应进行防腐、防火、防蛀处理。

8.1.3 吊顶材料在运输、搬运、安装、存放时应采取相应措施，防止受潮、变形及损坏板材的表面和边角。

8.1.4 重型灯具、电扇及其他重型设备严禁安装在吊顶龙骨上。

8.1.5 吊顶内填充的吸音、保温材料的品种和铺设厚度应符合设计要求，并应有防散落措施。

8.1.6 饰面板上的灯具、烟感器、喷淋头、风口篦子等设备的位置应合理、美观，与饰面板交接处应严密。

8.1.7 吊顶与墙面、窗帘盒的交接应符合设计要求。

8.1.8 搁置式轻质饰面板，应按设计要求设置压卡装置。

8.1.9 胶黏剂的类型应按所用饰面板的品种配套选用。

8.2 主要材料质量要求

8.2.1 吊顶工程所用材料的品种、规格和颜色应符合设计要求。饰面板，金属龙骨应有产品合格证。木吊杆、木龙骨的含水率应符合国家现行标准的有关规定。

8.2.2 饰面板表面应平整，边缘应整齐，颜色应一致。穿孔板的孔距应排列整齐；胶合板、木质纤维板、大芯板不应脱胶、变色。

8.2.3 防火涂料应有产品合格证及使用说明书。

8.3 施工要点

8.3.1 龙骨的安装应符合下列要求：

(1) 应根据吊顶的设计标高在四周墙上弹线。弹线应清晰、位置应准确。

(2) 主龙骨吊点间距、起拱高度应符合设计要求。当设计无要求时，吊点间距应小于 1.2m，应按房间短向跨度的 1—3‰ 起拱。主龙骨安装后应及时校正其位置标高。

(3) 吊杆应通直，距主龙骨端部距离不得超过 300mm。当吊杆与设备相遇时，应调整吊点构造或增设吊杆。

(4) 次龙骨应紧贴主龙骨安装。固定板材的次龙骨间距不得大于 600mm，在潮湿地区和场所，间距宜为 300—400mm。用沉头自攻钉安装饰面板时，接缝处次龙骨宽度不得小于 40mm。

(5) 暗龙骨系列横撑龙骨应用连接件将其两端连接在通长次龙骨上。明龙骨系列的横撑龙骨与通长龙骨搭接处的间隙不得大于 1mm。

(6) 边龙骨应按设计要求弹线，固定在四周墙上。

(7) 全面校正主、次龙骨的位置及平整度，连接件应错位安装。

8.3.2 安装饰面板前应完成吊顶内管道和设备的调试和验收。

8.3.3 饰面板安装前应按规格、颜色等进行分类选配。

8.3.4 暗龙骨饰面板（包括纸面石膏板、纤维水泥加压板、胶合板、金属方块板、金属条形板、塑料条形板、石膏板、钙塑板、矿棉板和格栅等）的安装应符合下列规定：

(1) 以轻钢龙骨、铝合金龙骨为骨架，采用钉固法安装时应使用沉头自攻钉固定。

(2) 以木龙骨为骨架，采用钉固法安装时应使用木螺钉固定，胶合板可用铁钉固定。

(3) 金属饰面板采用吊挂连接件、插接件固定时应按产品说明书的规定放置。

(4) 采用复合粘贴法安装时，胶黏剂未完全固化前板材不得有强烈振动。

8.3.5 纸面石膏板和纤维水泥加压板安装应符合下列规定：

(1) 板材应在自由状态下进行安装，固定时应从板的中间向板的四周固定。

(2) 纸面石膏板螺钉与板边距离：纸包边宜为 10—15mm，切割边宜为 15—20mm；水泥加压板螺钉与板边距离宜为 8—15mm。

(3) 板周边钉距宜为 150—170mm，板中钉距不得大于 200mm。

(4) 安装双层石膏板时，上下层板的接缝应错开，不得在同一根龙骨上接缝。

(5) 螺钉头宜略埋入板面，并不得使纸面破损。钉眼应做防锈处理并用腻子抹平。

(6) 石膏板的接缝应按设计要求进行板缝处理。

8.3.6 石膏板、钙塑板的安装应符合下列规定：

(1) 当采用钉固法安装时，螺钉与板边距离不得小于 15mm，螺钉间距宜为 150—170mm，均匀布置，并应与板面垂直，钉帽应进行防锈处理，并应用与板面颜色相同涂料涂饰或用石膏腻子抹平。

(2) 当采用黏接法安装时，胶黏剂应涂抹均匀，不得漏涂。

8.3.7 矿棉装饰吸声板安装应符合下列规定：

(1) 房间内湿度过大时不宜安装。

(2) 安装前应预先排板，保证花样、图案的整体性。

(3) 安装时，吸声板上不得放置其他材料，防止板材受压变形。

8.3.8 明龙骨饰面板的安装应符合以下规定：

(1) 饰面板安装应确保企口的相互咬接及图案花纹的吻合。

(2) 饰面板与龙骨嵌装时应防止相互挤压过紧或脱挂。

(3) 采用搁置法安装时应留有板材安装缝，每边缝隙不宜大于 1mm。

(4) 玻璃吊顶龙骨上留置的玻璃搭接宽度应符合设计要求，并应采用软连接。

(5) 装饰吸声板的安装如采用搁置法安装，应有定位措施。

9 轻质隔墙工程

9.1 一般规定

9.1.1 本章适用于板材隔墙、骨架隔墙和玻璃隔墙等非承重轻质隔墙工程的施工。

9.1.2 轻质隔墙的构造，固定方法应符合设计要求。

9.1.3 轻质隔墙材料在运输和安装时，应轻拿轻放，不得损坏表面和边角。应防止受潮变形。

9.1.4 当轻质隔墙下端用木踢脚覆盖时，饰面板应与地面留有 20—30mm 缝隙；当用大理石、瓷砖、水磨石等做踢脚板时，饰面板下端应与踢脚板上口齐平，接缝应严密。

9.1.5 板材隔墙、饰面板安装前应按品种、规格、颜色等进行分类选配。

9.1.6 轻质隔墙与顶棚和其他墙体的交接处应采取防开裂措施。

9.1.7 接触砖、石、混凝土的龙骨和埋置的木楔应作防腐处理。

9.1.8 胶黏剂应按饰面板的品种选用。现场配置胶黏剂，其配合比应由试验决定。

9.2 主要材料质量要求

9.2.1 板材隔墙的墙板、骨架隔墙的饰面板和龙骨、玻璃隔墙的玻璃应有产品合格证书。

9.2.2 饰面板表面应平整，边沿应整齐，不应有污垢、裂纹、缺角、翘曲、起皮、色差和图案不完整等缺陷。胶合板不应有脱胶、变色和腐杇。

9.2.3 复合轻质墙板的板面与基层(骨架)黏接必须牢固。

9.3 施工要点

9.3.1 墙位放线应按设计要求，沿地、墙、顶弹出隔墙的中心线和宽度线，宽度线应与隔墙厚度一致，弹线应清晰，位置应准确。

9.3.2 轻钢龙骨的安装应符合下列规定：

(1) 应按弹线位置固定沿地、沿顶龙骨及边框龙骨，龙骨的边线应与弹线重合。龙骨的端部应安装牢固，龙骨与基体的固定点间距应不大于 1m。

(2) 安装竖向龙骨应垂直，龙骨间距应符合设计要求。潮湿房间和钢板网抹灰墙，龙骨间距不宜大于 400mm。

(3) 安装支撑龙骨时，应先将支撑卡安装在竖向龙骨的开口方向，卡距宜为 400—600mm，距龙骨两端的距离宜为 20—25mm。

(4) 安装贯通系列龙骨时，低于 3m 的隔墙安装一道，3—5m 隔墙安装两道。

(5) 饰面板横向接缝处不在沿地、沿顶龙骨上时，应加横撑龙骨固定。

(6) 门窗或特殊接点处安装附加龙骨应符合设计要求。

9.3.3 木龙骨的安装应符合下列规定：

(1) 木龙骨的横截面积及纵、横向间距应符合设计要求。

(2) 骨架横、竖龙骨宜采用开半榫、加胶、加钉连接。

(3) 安装饰面板前应对龙骨进行防火处理。

9.3.4 骨架隔墙在安装饰面板前应检查骨架的牢固程度、墙内设备管线及填充材料的安装是否符合设计要求，如有不符合处应采取措施。

9.3.5 纸面石膏板的安装应符合以下规定：

(1) 石膏板宜竖向铺设，长边接缝应安装在竖龙骨上。

(2) 龙骨两侧的石膏板及龙骨一侧的双层板的接缝应错开，不得在同一根龙骨上接缝。

(3) 轻钢龙骨应用自攻螺钉固定，木龙骨应用木螺钉固定。沿石膏板周边钉间距不得大于200mm，板中钉间距不得大于300mm，螺钉与板边距离应为10—15mm。

(4) 安装石膏板时应从板的中部向板的四边固定。钉头略埋入板内，但不得损坏纸面，钉眼应进行防锈处理。

(5) 石膏板的接缝应按设计要求进行板缝处理。石膏板与周围墙或柱应留有3mm的槽口，以便进行防开裂处理。

9.3.6 胶合板的安装应符合下列规定：

(1) 胶合板安装前应对板背面进行防火处理。

(2) 轻钢龙骨应采用自攻螺钉固定。木龙骨采用圆钉固定时，钉距宜为80—150mm，钉帽应砸扁；采用钉枪固定时，钉距宜为80—100mm。

(3) 阳角处宜作护角。

(4) 胶合板用木压条固定时，固定点间距不应大于200mm。

9.3.7 板材隔墙的安装应符合下列规定：

(1) 墙位放线应清晰，位置应准确。隔墙上下基层应平整、牢固。

(2) 板材隔墙安装拼接应符合设计和产品构造要求。

(3) 安装板材隔墙时宜使用简易支架。

(4) 安装板材隔墙所用的金属件应进行防腐处理。

(5) 板材隔墙拼接用的芯材应符合防火要求。

(6) 在板材隔墙上开槽、打孔应用云石机切割或电钻钻孔，不得直接剔凿和用力敲击。

9.3.8 玻璃砖墙的安装应符合下列规定：

(1) 玻璃砖墙宜以1.5m高为一个施工段，待下部施工段胶结材料达到设计强度后再进行上部施工。

(2) 当玻璃砖墙面积过大时应增加支撑。玻璃砖墙的骨架应与结构连接牢固。

(3) 玻璃砖应排列均匀整齐，表面平整，嵌缝的油灰或密封膏应饱满密实。

9.3.9 平板玻璃隔墙的安装应符合下列规定：

(1) 墙位放线应清晰，位置应准确。隔墙基层应平整、牢固。

(2) 骨架边框的安装应符合设计和产品组合的要求。

(3) 压条应与边框紧贴，不得弯棱、凸鼓。

(4) 安装玻璃前应对骨架、边框的牢固程度进行检查，如有不牢应进行加固。

(5) 玻璃安装应符合本规范门窗工程的有关规定。

10 门窗工程

10.1 一般规定

10.1.1 本章适用于木门窗、铝合金门窗、塑料门窗安装工程的施工。

10.1.2 门窗安装前应按下列要求进行检查：

(1) 门窗的品种、规格、开启方向、平整度等应符合国家现行有关标准规定，附件应齐全。

(2) 门窗洞口应符合设计要求。

10.1.3 门窗的存放、运输应符合下列规定：

(1) 木门窗应采取措施防止受潮、碰伤、污染与暴晒。

(2) 塑料门窗贮存的环境温度应小于50℃；与热源的距离不应小于1m，当在环境温度为0℃的环境中存放时，安装前应在室温下放置24h。

(3) 铝合金、塑料门窗运输时应竖立排放并固定牢靠。樘与樘间应用软质材料隔开，防止相互磨损及压坏玻璃和五金件。

10.1.4 门窗的固定方法应符合设计要求。门窗框、扇在安装过程中，应防止变形和损坏。

10.1.5 门窗安装应采用预留洞口的施工方法，不得采用边安装边砌口或先安装后砌口的施工方法。

10.1.6 推拉门窗扇必须有防脱溶措施，扇与框的搭接量应符合设计要求。

10.1.7 建筑外门窗的安装必须牢固，在砖砌体上安装门窗严禁用射钉固定。

10.2 主要材料质量要求

10.2.1 门窗、玻璃、密封胶等应按设计要求选用，并应有产品合格证书。

10.2.2 门窗的外观、外形尺寸、装配质量、力学性能应符合国家现行标准的有关规定，塑料门窗中的竖框、中横框或拼樘料等主要受力杆件中的增强型钢，应在产品说明中注明规格、尺寸。门窗表面不应有影响外观质量的缺陷。

10.2.3 木门窗采用的木材，其含水率应符合国家现行标准的有关规定。

10.2.4 在木门窗的结合处和安装五金配件处，均不得有木节或已填补的木节。

10.2.5 金属门窗选用的零部件及固定件，除不锈钢外均应经防腐蚀处理。

10.2.6 塑料门窗组合窗及连窗门的拼樘应采用与其内腔紧密吻合的增强型钢作为内衬，型钢两端比拼樘料长出

10—15mm。外窗的拼樘料截面积尺寸及型钢形状、壁厚，应能使组合窗承受本地区的瞬间风压值。

10.3 施工要点

10.3.1 木门窗的安装应符合下列规定：

(1) 门窗框与砖石砌体、混凝土或抹灰层接触部位以及固定用木砖等均应进行防腐处理。

(2) 门窗框安装前应校正方正，加钉必要拉条避免变形。安装门窗框时，每边固定点不得少于两处，其间距不得大于 1.2m。

(3) 门窗框需镶贴脸时，门窗框应凸出墙面，凸出的厚度应等于抹灰层或装饰面层的厚度。

(4) 木门窗五金配件的安装应符合下列规定：

①合页距门窗扇上下端宜取立挺高度的 1/10，并应避开上、下冒头。

②五金配件安装应用木螺钉固定。硬木应钻 2/3 深度的孔，孔径应略小于木螺钉直径。

③门锁不宜安装在冒头与立挺的结合处。

④窗拉手距地面宜为 1.5—1.6m，门拉手距地面宜为 0.9—1.05m。

10.3.2 铝合金门窗的安装应符合下列规定：

(1) 门窗装入洞口应横平竖直，严禁将门窗框直接埋入墙体。

(2) 密封条安装时应留有比门窗的装配边长 20—30mm 的余量，转角处应斜面断开，并用胶黏剂粘贴牢固，避免收缩产生缝隙。

(3) 门窗框与墙体间缝隙不得用水泥砂浆填塞，应采用弹性材料填嵌饱满，表面应用密封胶密封。

10.3.3 塑料门窗的安装应符合下列规定：

(1) 门窗安装五金配件时，应钻孔后用自攻螺钉拧入，不得直接锤击钉入。

(2) 门窗框、副框和扇的安装必须牢固。固定片或膨胀螺栓的数量与位置应正确，连接方式应符合设计要求，固定点应距窗角、中横框、中竖框 150—100mm，固定点间距应小于或等于 600mm。

(3) 安装组合窗时应将两窗框与拼樘料卡接，卡接后应用紧固件双向拧紧，其间距应小于或等于 600mm，紧固件端头及拼樘料与窗框间的缝隙应用嵌缝膏进行密封处理。拼樘料型钢两端必须与洞口固定牢固。

(4) 门窗框与墙体间缝隙不得用水泥砂浆填塞，应采用弹性材料填嵌饱满，表面应用密封胶密封。

10.3.4 木门窗玻璃的安装应符合下列规定：

(1) 玻璃安装前应检查框内尺寸、将裁口内的污垢清除干净。

(2) 安装长边大于 1.5m 或短边大于 1m 的玻璃，应用橡胶垫并用压条和螺钉固定。

(3) 安装木框、扇玻璃，可用钉子固定，钉距不得大于 300mm，且每边不少于两个；用木压条固定时，应先刷底油后安装，并不得将玻璃压得过紧。

(4) 安装玻璃隔墙时，玻璃在上框面应留有适量缝隙，防止木框变形，损坏玻璃。

(5) 使用密封膏时，接缝处的表面应清洁、干燥。

10.3.5 铝合金、塑料门窗玻璃的安装应符合下列规定：

(1) 安装玻璃前，应清出槽口内的杂物。

(2) 使用密封膏前，接缝处的表面应清洁、干燥。

(3) 玻璃不得与玻璃槽直接接触，并应在玻璃四边垫上不同厚度的垫块，边框上的垫块应用胶黏剂固定。

(4) 镀膜玻璃应安装在玻璃的最外层，单面镀膜玻璃应朝向室内。

11 细部工程

11.1 一般规定

11.1.1 本章适用木门窗套、窗帘盒、固定柜橱、护栏、扶手、花饰等细部工程的制作安装施工。

11.1.2 细部工程应在隐蔽工程已完成并经验收后进行。

11.1.3 框架结构的固定柜橱应用榫连接。板式结构的固定柜橱应用专用连接件连接。

11.1.4 细木饰面板安装后，应立即刷一遍底漆。

11.1.5 潮湿部位的固定橱柜，木门套应做防潮处理。

11.1.6 护栏、扶手应采用坚固、耐久材料，并能承受规范允许的水平荷载。

11.1.7 扶手高度不应小于 0.90m，护栏高度不应小于 1.05m，栏杆间距不应大于 0.11m。

11.1.8 湿度较大的房间，不得使用未经防水处理的石膏花饰、纸质花饰等。

11.1.9 花饰安装完毕后，应采取成品保护措施。

11.2 主要材料质量要求

11.2.1 人造木板、胶黏剂的甲醛含量应符合国家现行标准的有关规定，应有产品合格证书。

11.2.2 木材含水率应符合国家现行标准的有关规定。

11.3 施工要点

11.3.1 木门窗套的制作安装应符合下列规定：

(1) 门窗洞口应方正垂直，预埋木砖应符合设计要求，并应进行防腐处理。

(2) 根据洞口尺寸、门窗中心线和位置线，用方木制成搁栅骨架并应做防腐处理，横撑位置必须与预埋件位置重合。

(3) 搁栅骨架应平整牢固，表面刨平。安装搁栅骨架应方正，除预留出板面厚度外，搁栅骨架与木砖间的间隙应垫以木垫，连接牢固。安装洞口搁栅骨架时，一般先上端后两侧，洞口上部骨架应与紧固件连接牢固。

(4) 与墙体对应的基层板板面应进行防腐处理，基层板安装应牢固。

(5) 饰面板颜色、花纹应协调。板面应略大于搁栅骨架，大面应净光，小面应刮直。木纹根部应向下，长度方向需要对接时，花纹应通顺，其接头位置应避开视线平视范围，宜在室内地面 2m 以上或 1.2m 以下，接头应留在横撑上。

(6) 贴脸、线条的品种、颜色、花纹应与饰面板协调。贴脸接头应成 45° 角，贴脸与门窗套板面结合应紧密、平整，贴脸或线条盖住抹灰墙面应不小于 10mm。

11.3.2 木窗帘盒的制作安装应符合下列规定：

(1) 窗帘盒宽度应符合设计要求。当设计无要求时，窗帘盒宜伸出窗口两侧 200—300mm，窗帘盒中线应对准窗口中线，并使两端伸出窗口长度相同。窗帘盒下沿与窗口上沿应平齐或略低。

(2) 当采用木龙骨双包夹板工艺制作窗帘盒时，遮挡板外立面不得有明榫、露钉帽，底边应做封边处理。

(3) 窗帘盒底板可采用后置埋木楔或膨胀螺栓固定，遮挡板与顶棚交接处宜用角线收口。窗帘盒靠墙部应与墙面紧贴。

(4) 窗帘轨道安装应平直，窗帘轨固定点必须在底板的龙骨上，连接必须用木螺钉，严禁用圆钉固定。采用电动窗帘轨时，应按产品说明书进行安装调试。

11.3.3 固定橱柜的制作安装应符合下列规定：

(1) 根据设计要求及地面、顶棚标高，确定橱柜的平面位置和标高。

(2) 制作木框架时，整体立面应垂直、平面应水平，框架交接处应做榫连接，并应涂刷木工乳胶。

(3) 侧板、底板、面板应用扁头钉与框架固定牢固，钉帽应做防腐处理。

(4) 抽屉应采用燕尾榫连接，安装时应配置抽屉滑轨。

(5) 五金件可先安装就位，油漆之前将其拆除，五金件安装应整齐、牢固。

11.3.4 扶手、护栏的制作安装应符合下列规定：

(1) 木扶手与弯头的接头要在下部连接牢固，木扶手的宽度或厚度超过 70mm 时，其接头应黏接加强。

(2) 扶手与垂直杆件连接牢固，紧固件不得外露。

(3) 整体弯头制作前应做足尺样板，按样板划线。弯头黏结时，温度不宜低于 5℃。弯头下部应与栏杆扁钢结合紧密、牢固。

(4) 木扶手弯头加工成形应刨光，弯曲应自然，表面应磨光。

(5) 金属扶手、护栏垂直杆件与预埋件连接应牢固、垂直，如焊接，则表面应打磨抛光。

(6) 玻璃栏板应使用夹层夹玻璃或安全玻璃。

11.3.5 花饰的制作安装应符合下列规定：

(1) 装饰线安装的基层必须平整、坚实，装饰线不得随基层起伏。

(2) 装饰线、件的安装应根据不同基层，采用相应的连接方式。

(3) 木（竹）质装饰线、件的接口应拼对花纹，拐弯接口应齐整无缝，同一个房间的颜色应一致，封口压边条与装饰线、件应连接紧密牢固。

(4) 石膏装饰线、件安装的基层应干燥，石膏线与基层连接的水平线和定位线的位置、距离应一致，接缝应成45° 角拼接。当使用螺钉固定花件时，应用电钻打孔，螺钉钉头应沉入孔内，螺钉应做防锈处理；当使用胶黏剂固定花件时，应选用短时间固化的胶黏材料。

(5) 金属类装饰线、件安装前应做防腐处理。基层应干燥、坚实。铆接、焊接或紧固件连接时，紧固件位置应整齐，焊接点应在隐蔽处、焊接表面应无毛刺。刷漆前应去除氧化层。

12 墙面铺装工程

12.1 一般规定

12.1.1 本章适用于石材、墙面砖、木材、织物、壁纸等材料的住宅墙面铺贴安装工程施工。

12.1.2 墙面铺装工程应在墙面隐蔽及抹灰工程、吊顶工程已完成并经验收后进行。当墙体有防水要求时，应对防水工程进行验收。

12.1.3 采用湿作业法铺贴的天然石材应作防碱处理。

12.1.4 在防水层上粘贴饰面砖时，黏结材料应与防水材料的性能相容。

12.1.5 墙面面层应有足够的强度，其表面质量应符合国家现行标准的有关规定。

12.1.6 湿作业施工现场环境温度宜在 5℃ 以上；裱糊时空气相对湿度不得大于 85%，应防止湿度及温度剧烈变化。

12.2 主要材料质量要求

12.2.1 石材的品种、规格应符合设计要求，天然石材表面不得有隐伤、风化等缺陷。

12.2.2 墙面砖的品种、规格应符合设计要求，并应有产品合格证书。

12.2.3 木材的品种、质量等级应符合设计要求，含水率应符合国家现行标准的有关要求。

12.2.4 织物、壁纸、胶黏剂等应符合设计要求，并应有性能检测报告和产品合格证书。

12.3 施工要点

12.3.1 墙面砖铺贴应符合下列规定：

(1) 墙面砖铺贴前应进行挑选，并应浸水 2 小时以上，晾干表面水分。

(2) 铺贴前应进行放线定位和排砖，非整砖应排放在次要部位或阴角处。每面墙不宜有两列非整砖，非整砖宽度不宜小于整砖的 1/3。

(3) 铺贴前应确定水平及竖向标志，垫好底尺，挂线铺贴。墙面砖表面应平整、接缝应平直、缝宽应均匀一致。阴角砖应压向正确，阳角线宜做成 45° 角对接，在墙面突出物处，应整砖套割吻合，不得用非整砖拼凑铺贴。

(4) 结合砂浆宜采用 1：2 水泥砂浆，砂浆厚度宜为 6—10mm。水泥砂浆应满铺在墙砖背面，一面墙不宜一次铺贴到顶，以防塌落。

12.3.2 墙面石材铺装应符合下列规定：

(1) 墙面砖铺贴前应进行挑选，并应按设计要求进行预拼。

(2) 强度较低或较薄的石材应在背面粘贴玻璃纤维网布。

(3) 当采用湿作业法施工时，固定石材的钢筋网应与预埋件连接牢固。每块石材与钢筋网拉接点不得少于 4 个。拉接用金属丝应具有防锈性能。灌注砂浆前应将石材背面及基层湿润，并应用填缝材料临时封闭石材板缝，避免漏浆。灌注砂浆宜用 1：2.5 水泥砂浆，灌注时应分层进行，每层灌注高度宜为 150—200mm，且不超过板高的 1/3，插捣应密实。待其初凝后方可灌注上层水泥砂浆。

(4) 当采用粘贴法施工时，基层处理应平整但不应压光。胶黏剂的配合比应符合产品说明书的要求。胶液应均匀、饱满地刷抹在基层和石材背面，石材就位时应准确，并应立即挤紧、找平、找正，进行顶、卡固定。溢出胶液应随时清除。

12.3.3 木装饰装修墙制作安装应符合下列规定：

(1) 制作安装前应检查基层的垂直度和平整度，有防潮要求的应进行防潮处理。

(2) 按设计要求弹出标高、竖向控制线、分格线。打孔安装木砖或木楔，深度应不小于 40mm，木砖或木楔应做防腐处理。

(3) 龙骨间距应符合设计要求。当设计无要求时：横向间距宜为 300mm，竖向间距宜为 400mm。龙骨与木砖或木楔连接应牢固。龙骨本质基层板应进行防火处理。

(4) 饰面板安装前应进行选配，颜色、木纹对接应自然协调。

(5) 饰面板固定应采用射钉或胶黏接，接缝应在龙骨上，接缝应平整。

(6) 镶接式木装饰墙可用射钉从凹样边倾斜射入。安装第一块时必须校对竖向控制线。

(7) 安装封边收口线条时应用射钉固定，钉的位置应在线条的凹槽处或背视线的一侧。

12.3.4 软包墙面制作安装应符合下列规定：

(1) 软包墙面所用填充材料、纺织面料和龙骨、木基层板等均应进行防火处理。

(2) 墙面防潮处理应均匀涂刷一层清油或满铺油纸。不得用沥青油毡做防潮层。

(3) 木龙骨宜采用凹槽榫工艺预制，可整体或分片安装，与墙体连接应紧密、牢固。

(4) 填充材料制作尺寸应正确，棱角应方正，应与木基层板黏接紧密。

(5) 织物面料裁剪时经纬应顺直。安装应紧贴墙面，接缝应严密，花纹应吻合，无波纹起伏、翘边和褶皱，表面应清洁。

(6) 软包布面与压线条、贴脸线、踢脚板、电气盒等交接处应严密、顺直、无毛边。电气盒盖等开洞处，套割尺寸应准确。

12.3.5 墙面裱糊应符合下列规定：

(1) 基层表面应平整，不得有粉化、起皮、裂缝和突出物，色泽应一致。有防潮要求的应进行防潮处理。

(2) 裱糊前应按壁纸、墙布的品种、花色、规格进行选配。拼花、裁切、编号、裱糊时应按编号顺序粘贴。

(3) 墙面应采用整幅裱糊，先垂直面后水平面，先细部后大面，先保证垂直后对花拼逢，垂直面是先上后下，先长墙面后短墙面，水平面是先高后低。阴角处接缝应搭接，阳角处应包角不得有接缝。

(4) 聚氯乙烯塑料壁纸裱糊前应先将壁纸用水润湿数分钟，墙面裱糊时应在基层表面涂刷胶黏剂，顶棚裱糊时，基层和壁纸背面均应涂刷胶黏剂。

(5) 复合壁纸不得浸水，裱糊前应先在壁纸背面涂刷胶黏剂，放置数分钟，裱糊时，基层表面应涂刷胶黏剂。

(6) 纺织纤维壁纸不宜在水中浸泡，裱糊前宜用湿布清洁背面。

(7) 带背胶的壁纸裱糊前应在水中浸泡数分钟。裱糊顶棚时应涂刷一层稀释的胶黏剂。

(8) 金属壁纸裱糊前应浸水 1—2 分钟，阴干 5—8 分钟后在其背面刷胶。刷胶应使用专用的壁纸粉胶，一边刷胶，一边将刷过胶的部分，向上卷在发泡壁纸卷上。

(9) 玻璃纤维基材壁纸、无纺墙布无需进行浸润。应选用粘接强度较高的胶黏剂，裱糊前应在基层表面涂胶，墙布背面不涂胶。玻璃纤维墙布裱糊对花时不得横拉斜扯避免变形脱落。

(10) 开关、插座等突出墙面的电气盒，裱糊前应先卸去盒盖。

13 涂饰工程

13.1 一般规定

13.1.1 本章适用于住宅内部水性涂料、溶剂型涂料和美术涂饰的涂饰工程施工。

13.1.2 涂饰工程应在抹灰、吊顶、细部、地面及电气工程等已完成并验收合格后进行。

13.1.3 涂饰工程应优先采用绿色环保产品。

13.1.4 混凝土或抹灰基层涂刷溶剂型涂料时，含水率不得大于 8%；涂刷水性涂料时，含水率不得大于 10%；木质基层含水率不得大于 12%。

13.1.5 涂料在使用前应搅拌均匀，并应在规定的时间内用完。

13.1.6 施工现场环境温度宜为 5 ~ 35℃，并应注意通风换气和防尘。

13.2 主要材料质量要求

13.2.1 涂料的品种、颜色应符合设计要求，并应有产品性能检测报告和产品合格证书。

13.2.2 涂饰工程所用腻子的黏结强度应符合国家现行标准的有关规定。

13.3 施工要点

13.3.1 基层处理应符合下列规定：

(1) 混凝土及水泥砂浆抹灰基层：应满刮腻子、砂纸打光，表面应平整光滑、线角顺直。

(2) 纸面石膏板基层：应按设计要求对板缝、钉眼进行处理后，满刮腻子、砂纸打光。

(3) 清漆木质基层：表面应平整光滑、颜色协调一致，表面无污染、裂缝、残缺等缺陷。

(4) 调和漆本质基层：表面应平整、无严重污染。

(5) 金属基层：表面应进行除锈和防锈处理。

13.3.2 涂饰施工一般方法：

(1) 滚涂法：将蘸取漆液的毛辊先按 W 方式运动将涂料大致涂在基层上，然后用不蘸取漆液的毛辊紧贴基层上下、左右来回滚动，使漆液在基层上均匀展开，最后用蘸取漆液的毛辊按一定方向满滚一遍。阴角及上下口宜采用排笔刷涂找齐。

(2) 喷涂法：喷枪压力宜控制在 0.4—0.8MPa 范围内。喷涂时喷枪与墙面应保持垂直，距离宜在 500mm 左右，匀速平行移动。两行重叠宽度宜控制在喷涂宽度的 1/3。

(3) 刷涂法：直按先左后右、先上后下、先难后易、先边后面的顺序进行。

13.3.3 木质基层涂刷清漆：本质基层上的节疤、松脂部位应用虫胶漆封闭，钉眼处应用油性腻子嵌补。在刮腻子、上色前，应涂刷一遍封闭底漆，然后反复对局部进行拼色和修色，每修完一次，刷一遍中层漆，干后打磨，直至色调协调统一，再做饰面漆。

13.3.4 木质基层涂刷调和漆：先满刷清油一遍，待其干后用油腻子将钉孔、裂缝、残缺处嵌刮平整，干后打磨光滑，再刷中层和面层油漆。

13.3.5 对泛碱、析盐的基层应先用 3% 的草酸溶液清洗，然后用清水冲刷干净或在基层上满刷一遍耐碱底漆，待其干后刮腻子，再涂刷面层涂料。

13.3.6 浮雕涂饰的中层涂料应颗粒均匀，用专用塑料辊蘸煤油或水均匀滚压，厚薄一致，待完全干燥固化后，才可进行面层涂饰，面层为水性涂料应采用喷涂，溶剂型涂料应采用刷涂。间隔时间宜在 4 小时以上。

13.3.7 涂料、油漆打磨应待涂膜完全干透后进行，打磨应用力均匀，不得磨透露底。

14 地面铺装工程

14.1 一般规定

14.1.1 本章适用于石材（包括人造石材）、地面砖、实木地板、竹地板、实木复合地板、强化复合地板、地毯等材料的地面面层的铺贴安装工程施工。

14.1.2 地面铺装宜在地面隐蔽工程、吊顶工程、墙面抹灰工程完成并验收后进行。

14.1.3 地面面层应有足够的强度，其表面质量应符合国家现行标准、规范的有关规定。

14.1.4 地面铺装图案及固定方法等应符合设计要求。

14.1.5 天然石材在铺装前应采取防护措施，防止出现污损、泛碱等现象。

14.1.6 湿作业施工现场环境温度宜在 5℃以上。

14.2 主要材料质量要求

14.2.1 地面铺装材料的品种、规格、颜色等均匀符合设计要求并应有产品合格证书。

14.2.2 地面铺装时所用龙骨、垫木、毛地板等木料的含水率，以及防腐、防蛀、防火处理等均应符合国家现行标准、规范的有关规定。

14.3 施工要点

14.3.1 石材、地面砖铺贴应符合下列规定：

(1) 石材、地面砖铺贴前应浸水湿润。天然石材铺贴前应进行对色、拼花并试拼、编号。

(2) 铺贴前应根据设计要求确定结合层砂浆厚度，拉十字线控制其厚度和石材、地面砖表面平整度。

(3) 结合层砂浆宜采用体积比为 1∶3 的干硬性水泥砂浆，厚度宜高出实铺厚度 2—3mm。铺贴前应在水泥砂浆上刷一道水灰比为 1∶2 的素水泥浆或干铺水泥 1—2mm 后洒水。

(4) 石材、地面砖铺贴时应保持水平就位，用橡皮锤轻击使其与砂浆黏结紧密，同时调整其表面平整度及缝宽。

(5) 铺贴后应及时清理表面，24 小时后应用 1∶1 水泥浆灌缝，选择与地面颜色一致的颜料与白水泥搅拌均匀后嵌缝。

14.3.2 竹、实木地板铺装应符合下列规定：

(1) 基层平整度误差不得大于 5mm。

(2) 铺装前应对基层进行防潮处理，防潮层宜涂刷防水涂料或铺设塑料薄膜。

(3) 铺装前应对地板进行选配，宜将纹理、颜色接近的地板集中使用于一个房间或部位。

(4) 木龙骨应与基层连接牢固，固定点间距不得大于 600mm。

(5) 毛地板应与龙骨成 30°或 45°角铺钉，板缝应为 2—3mm，相邻板的接缝应错开。

(6) 在龙骨上直接铺装地板时，主次龙骨的间距应根据地板的长宽模数计算确定，地板接缝应在龙骨的中线上。

(7) 地板钉长度宜为板厚的 2.5 倍，钉帽应砸扁。固定时应从凹榫边 30°角倾斜钉入。硬木地板应先钻孔，孔径应略小于地板钉直径。

(8) 毛地板及地板与墙之间应留有 8—10mm 的缝隙。

(9) 地板磨光应先刨后磨，磨削应顺木纹方向，磨削总量应控制在 0.3—0.8mm 内。

(10) 单层直铺地板的基层必须平整、无油污。铺贴前应在基层刷一层薄而匀的底胶以提高黏结力。铺贴时基层和地板背面均应刷胶，待不粘手后再进行铺贴。拼板时应用榔头垫木块敲打紧密，板缝不得大于 0.3mm。溢出的胶液应及时清理干净。

14.3.3 强化复合地板铺装应符合下列规定：

(1) 防潮垫层应满铺平整，接缝处不得叠压。

(2) 安装第一排时应凹槽面靠墙。地板与墙之间应留有 8—10mm 的缝隙。

(3) 房间长度或宽度超过 8m 时，应在适当位置设置伸缩缝。

14.3.4 地毯铺装应符合下列规定：

(1) 地毯对花拼接应按毯面绒毛和织纹走向的同一方向拼接。

(2) 当使用张紧器伸展地毯时，用力方向应呈 V 字形，应由地毯中心向四周展开。

(3) 当使用倒刺板固定地毯时，应沿房间四周将倒刺板与基层固定牢固。

(4) 地毯铺装方向，应是毯面绒毛走向的背光方向。

(5) 满铺地毯，应用扁铲将毯边塞入卡条和墙壁间的间隙中或塞入踢脚下面。

(6) 裁剪楼梯地毯时，长度应留有一定余量，以便在使用中可挪动常磨损的位置。

15 卫生器具及管道安装工程

15.1 一般规定

15.1.1 本章适用于厨房、卫生间的洗涤、洁身等卫生器具的安装以及分户进水阀后给水管段、户内排水管段的管道施工。

15.1.2 卫生器具、各种阀门等应积极采用节水型器具。

15.1.3 各种卫生设备及管道安装均应符合设计要求及国家现行标准规范的有关规定。

15.2 主要材料质量要求

15.2.1 卫生器具的品种、规格、颜色应符合设计要求并应有产品合格证书。

15.2.2 给排水管材、件应符合设计要求并应有产品合格证书。

15.3 施工要点

15.3.1 各种卫生设备与地面或墙体的连接应用金属固

定件安装牢固。金属固定件应进行防腐处理。当墙体为多孔砖墙时，应凿孔填实水泥砂浆后再进行固定件安装。当墙体为轻质隔墙时，应在墙体内设后置埋件，后置埋件应与墙体连接牢固。

15.3.2 各种卫生器具安装的管道连接件应易于拆卸、维修。排水管道连接应采用有橡胶垫片排水栓。卫生器具与金属固定件的连接表面应安置铅质或橡胶垫片。各种卫生陶瓷类器具不得采用水泥砂浆窝嵌。

15.3.3 各种卫生器具与台面、墙面、地面等接触部位均应采用硅酮胶或防水密封条密封。

15.3.4 各种卫生器具安装验收合格后应采取适当的成品保护措施。

15.3.5 管道敷设应横平竖直，管卡位置及管道坡度等均应符合规范要求。各类阀门安装应位置正确且平整，便于使用和维修。

15.3.6 嵌入墙体、地面的管道应进行防腐处理并用水泥砂浆保护，其厚度应符合下列要求：墙内冷水管不小于 10mm、热水管不小于 15mm，嵌入地面的管道不小于 10mm。嵌入墙体、地面或暗敷的管道应作隐蔽工程验收。

15.3.7 冷热水管安装应左热右冷，平行间距应不小于 200mm。当冷热水供水系统采用分水器供水时，应采用半柔性管材连接。

15.3.8 各种新型管材的安装应按生产企业提供的产品说明书进行施工。

16 电气安装工程

16.1 一般规定

16.1.1 本章适用于住宅单相人户配电箱户表后的室内电路布线及电器、灯具安装。

16.1.2 电气安装施工人员应持证上岗。

16.1.3 配电箱户表后应根据室内用电设备的不同功率分别配线供电，大功率家电设备应独立配线安装插座。

16.1.4 配线时，相线与零线的颜色应不同；同一住宅相线（L）颜色应统一，零线（N）宜用蓝色，保护线（PE）必须用黄绿双色线。

16.1.5 电路配管、配线施工及电器、灯具安装除遵守本规定外，尚应符合国家现行有关标准规范的规定。

16.1.6 工程竣工时应向业主提供电气工程竣工图。

16.2 主要材料质量要求

16.2.1 电器、电料的规格、型号应符合设计要求及国家现行电器产品标准的有关规定。

16.2.2 电器、电料的包装应完好，材料外观不应有破损，附件、备件应齐全。

16.2.3 塑料电线保护管及接线盒必须是阻燃型产品，外观不应有破损及变形。

16.2.4 金属电线保护管及接线盒外观不应有折扁和裂缝，管内应无毛刺，管口应平整。

16.2.5 通信系统使用的终端盒、接线盒与配电系统的开关、插座，宜选用同一系列产品。

16.3 施工要点

16.3.1 应根据用电设备位置，确定管线走向、标高及开关、插座的位置。

16.3.2 电源线配线时，所用导线截面积应满足用电设备的最大输出功率。

16.3.3 暗线敷设必须配管。当管线长度超过 15m 或有两个直角弯时，应增设拉线盒。

16.3.4 同一回路电线应穿入同一根管内，但管内总根数不应超过 8 根，电线总截面积（包括绝缘外皮）不应超过管内截面积的 40%。

16.3.5 电源线与通讯线不得穿入同一根管内。

16.3.6 电源线及插座与电视线及插座的水平间距不应小于 500mm。

16.3.7 电线与暖气、热水、煤气管之间的平行距离不应小于 300mm，交叉距离不应小于 100mm。

16.3.8 穿入配管导线的接头应设在接线盒内，接头搭接应牢固，绝缘带包缠应均匀紧密。

16.3.9 安装电源插座时，面向插座的左侧应接零线（N），右侧应接相线（L），中间上方应接保护地线（PE）。

16.3.10 当吊灯自重在 3kg 及以上时，应先在顶板上安装后置埋件，然后将灯具固定在后置埋件上。严禁安装在木楔、木砖上。

16.3.11 连接开关、螺口灯具导线时，相线应先接开关，开关引出的相线应接在灯中心的端子上，零线应接在螺纹的端子上。

16.3.12 导线间和导线对地间电阻必须大于 0.5MΩ。

16.3.13 同一室内的电源、电话、电视等插座面板应在同一水平标高上，高差应小于 5mm。

16.3.14 厨房、卫生间应安装防溅插座，开关宜安装在门外开启侧的墙体上。

16.3.15 电源插座底边距地宜为 300mm，平开关板底边距地宜为 1400mm。

参考文献：

1.《室内设计资料集》，张绮曼、郑曙阳主编，中国建筑工业出版社

2.《室内设计原理》，来增祥、陆镇纬编著，中国建筑工业出版社

3.《美国室内设计通用教材》，卢安·尼森、雷·福克、纳、萨拉·福克纳等编著，陈德民、陈青、
  王勇等翻译，上海人民美术出版社

4.《室内人体工程学》（第二版），张月编著，中国建筑工业出版社

5.《建筑设计资料集》（第二版）第3集，《建筑设计资料集》编委会编著，中国建筑工业出版社

6.《中国建筑史》（第三版），《中国建筑史》编写组，中国建筑工业出版社

7.《实用照明工程设计》，赵振民编著，天津大学出版社

课程教学安排建议

课程名称：居住空间设计　　总学时：72 学时

适用专业：环境艺术设计专业及艺术设计其他专业

预修课程：三大构成、建筑制图、效果图表现技法、人体工程学、设计方法论等

一、课程性质、目的和培养目标

　　本课程是环境艺术设计专业的一门初级专业课，通过理论和实践结合的学习，引导学生了解室内设计的基本规律，使其能够独立完成小型居住空间的设计方案，达到功能合理、形式美观和内涵丰富的要求，为以后的专业学习打下良好的基础。

二、课程内容和建议学时分配

单元	课程内容	课时分配		
		讲课	作业	小计
1	室内设计概述，居住空间设计基本内容，选择实践课题	8	4	12
2	收集资料，分析设计环境	4	8	12
3	初步方案设计，研究设计要素	4	8	12
4	深入设计	4	8	12
5	设计表达	2	10	12
6	研究居住空间中的特殊因素	4	8	12
	合计	26	46	72

三、教学大纲说明

　　1.了解与居住空间设计有关的发展历史和相关的构造设计内容。

　　2.熟悉各种类型居住空间环境的基本特点和空间设计手法。

　　3.训练学生对空间环境的整体规划和细部设计的能力。

　　4.使学生掌握从整体、联系和发展的角度分析各种设计问题的方法，具备初步的独立设计能力。

四、考核方式

　　第1、6单元总计占30%，第2、3、4、5单元总计占70%。